"基于共聚焦图像识别的陆相页岩生–排–滞烃机理与烃类差异性富集过程研究"
（33550000–22–ZC0613–0299）项目资助

聚驱后微观孔隙结构中剩余油分布规律研究

孙先达　赵　玲◎著

U0337710

中国矿业大学出版社

· 徐州 ·

内 容 简 介

本书从微观角度对剩余油进行定量和高分辨率可视化研究,从而认清剩余油的微观控制因素。第1~3章基于不同物性特征储层聚驱后孔隙内微观剩余油赋存状态和分布规律,开发研制了冷冻制片荧光显微镜剩余油分析技术和激光共聚焦扫描显微分析技术,实现了让岩心样品孔隙结构内油、水、岩处于原始状态的制备要求;通过激光共聚焦分波段检测和多层断层扫描,实现了孔隙内微观剩余油三维检测、原油轻重比量化识别以及不同原油组分与岩石表面黏土矿物的接触关系确立、三元复合驱后原油乳化程度与微观剩余油分布的关系确立。第4~6章研究了孔隙结构参数和聚合物溶液性能参数对聚合物驱油效率以及剩余油类型、分布规律的影响,给出了聚驱后孔隙内微观剩余油赋存状态、剩余油含量分布以及剩余油的分布类型。

本书可供高等学校石油地质工程专业本科生和研究生参考使用,也可供从事相关行业科研和生产的人员参考。

图书在版编目(C I P)数据

聚驱后微观孔隙结构中剩余油分布规律研究/孙先达,赵玲著. —徐州:中国矿业大学出版社,2023.3
ISBN 978 - 7 - 5646 - 5769 - 7

Ⅰ. ①聚… Ⅱ. ①孙… ②赵… Ⅲ. ①储集层—剩余油—分布—研究 Ⅳ. ①TE32

中国国家版本馆 CIP 数据核字(2023)第 049962 号

书 名	聚驱后微观孔隙结构中剩余油分布规律研究
著 者	孙先达 赵 玲
责任编辑	潘俊成
出版发行	中国矿业大学出版社有限责任公司
	(江苏省徐州市解放南路 邮编 221008)
营销热线	(0516)83885370 83884103
出版服务	(0516)83995789 83884920
网 址	http://www.cumtp.com E-mail:cumtpvip@cumtp.com
印 刷	徐州中矿大印发科技有限公司
开 本	787 mm×1092 mm 1/16 印张 8.75 字数 224 千字
版次印次	2023 年 3 月第 1 版 2023 年 3 月第 1 次印刷
定 价	45.00 元

(图书出现印装质量问题,本社负责调换)

前　　言

　　大庆油田经过数十年的开采,已经进入高含水阶段,但是可探明储量仍有大量未动用。目前,国内各油田对剩余油分布的研究主要基于的是井网控制因素、储层均质性、沉积相带等宏观规律建立的认识。为适应越来越高的剩余油开发的要求,需要由宏观研究技术手段向精细微观评价方向发展。

　　为了研究不同物性特征储层聚驱后孔隙内微观剩余油赋存状态和分布规律,并能从微观角度对剩余油进行定量和高分辨率可视化研究,认清剩余油的微观控制因素,本书以自主研制开发的激光共聚焦扫描显微分析技术、冷冻制片荧光显微镜剩余油分析技术为核心,结合铸体图像分析技术、扫描电镜观察、物性分析和压汞分析等试验手段,详细研究了不同渗透率岩心的孔隙结构特征及聚驱后微观剩余油类型和赋存状态,并制定了微观剩余油类型和赋存状态划分标准。

　　首先,利用压汞试验测定的孔喉直径分布频率和CT扫描测定的配位数,并考虑喉道的形状、润湿性,利用自适应孔隙度方法,在拟合实测渗透率后构建了数字化孔隙网络模型;考虑孔隙喉道空间的非等径特性,建立了符合实际岩心孔隙结构的非对称波纹管状孔隙通道的数字化孔道网络模型,实现了模型的可视化。其次,利用渗流力学、流体力学有关公式,基于喉道内油水界面的变化建立了饱和油、水驱油、聚驱油的数学模型,模拟了饱和油、水驱油、聚驱油驱替过程;对不同形状的剩余油图像进行了区分标注,并运用 DeepLab V3＋深度学习网络对剩余油图像进行了识别、提取和切割,利用卷积神经网络 MobileNet V1与 MobileNet V2 对剩余油图像进行了分类;应用 SENet 对 MobileNet V2 进行了改进,并利用改进后的 MobileNet V2 卷积神经网络对剩余油图像进行了识别与分类;比较了原始 MobileNet 卷积神经网络和改进的 MobileNet 卷积神经网络的精度、召回率与正确率,证明了改进型 MobileNet 卷积神经网络在针对本书数字孔道网络模型剩余油图像识别任务上的优越性。最后,研究了孔隙结构参数和聚合物溶液性能参数对聚合物驱油效率以及剩余油类型、分布规律的影响,给出了聚驱后孔隙内微观剩余油赋存状态、剩余油含量分布以及剩余油的分布类型。本书研究成果不仅实现了聚驱后储层孔隙中微观剩余油赋存状态的可视化,还能够为后续开采提供理论基础和数据支撑。

本书由孙先达、赵玲撰写而成,其中孙先达撰写第 1 章至第 3 章,赵玲撰写第 4 章至第 6 章。

在本书的撰写过程中,吉林大学王璞珺教授提出了宝贵的意见;大庆油田有限责任公司研究院的很多同行也给予了诸多指导和帮助;东北石油大学夏惠芬教授给予悉心的指导,硕士研究生孙文颖在试验研究中也付出了大量心血;同时借鉴了国内外地质学者的新近研究成果。在此一并表达诚挚的谢意!

由于水平所限,书中难免存在缺点和不足之处,敬请广大读者批评指正。

著　者

2022 年 11 月

目　　录

第 1 章　绪　　论

本章介绍了数字化模拟在油田应用中的研究背景,在此基础上介绍了几种相关的数字化孔隙网络模型,重点叙述数字化孔隙网络模型的发展历史和研究现状,说明了孔隙结构特征参数对水驱和聚驱驱油效率以及不同类型剩余油的赋存状态和分布的影响。

1.1　剩余油开发研究存在的问题与技术对策

无论是国内还是国外,随着油田开发过程的不断深入,面临的开发问题更加复杂,不同类型油层平面和层内剩余油分布零散程度越来越高,储层非均质性增强,挖潜难度增大,但还有大量可采剩余油没被采出。

当油田进入开发晚期或特高含水期后,宏观剩余油开发研究中存在的主要矛盾和问题包括:① 水驱进入特高含水期开采阶段[1];② 各油田新增可采储量逐年减少,储采失衡日趋严重[2];③ 水驱递减加快[3];④ 剩余油高度分散,挖潜难度增大[4];⑤ 套损并没有明显减少或仍然处于高峰期[5];⑥ 油田水驱、聚驱两驱交织,或水驱与多种技术驱交织,使残留剩余油分布复杂化;⑦ 层系井网复杂化。

宏观剩余油开发研究主要采用下列技术对策[6]。

(1)用油藏精细描述提高剩余油预测精度

高含水后期油田剩余油分布呈"高度分散,相对富集"的特征,今后的发展方向要由油藏描述和剩余油预测向井间预测和动态建模的方向发展,并提高储层和剩余油分布预测的精度。

(2)不稳定注水技术

周期性地改变地层注入和地层液体的状态,可以提高驱替效率和采收率。不稳定注水是现有技术条件下,降低产出液中含水量、增加原油产量、提高注水开发油田采收率较为经济和有效的技术手段。

(3)油藏深部整体调驱技术

在过去几十年水驱开发过程中,油藏某些部位产生了"大孔道"或"水流优势通道",导致注入水形成大量无效循环,含水量急剧上升,严重影响开发效果。需发展油藏深部整体调驱技术,向油藏深部注入凝胶类化学剂,堵住"大孔道",使后续注入水改变流动方向,以扩大注水波及面,提高原油采收率[7]。

(4)水平井挖潜技术

水平井挖潜技术在国内外针对剩余油或剩余储量开发都取得了重要进展,是今后剩余油开发的重要发展技术之一。

（5）聚合物驱技术

聚合物驱技术的原理是在注入水中加入高分子聚合物，通过增加注入水的黏度来提高采收率。聚合物驱技术在各种化学驱方法中是发展最快的。聚合物驱油技术已成为高含水后期提高采收率、保障油田可持续发展的重要技术手段。聚合物驱技术已在大庆油田大规模推广，2003 年达到年产油 1 225 万 t 的规模[8]。

（6）化学复合驱技术

化学复合驱技术的原理是向注入水中同时加入表面活性剂、碱和聚合物（三元复合驱），或同时仅加入碱和聚合物（二元复合驱），通过这些化学剂的协同作用，大幅度降低油水界面的界面张力（即达到超低的程度），以驱替出单纯水驱所采不出的大量残余油，从而提高驱油效率和采收率。提高采收率的幅度一般为 15%～20%[9]。

（7）套损治理技术

套损治理技术对于剩余油开发具有重要意义，可以大幅度提高经济效益。套损治理研究已由宏观机理向微观和综合解释方向发展，有很多技术手段（如 X 衍射和电镜研究等）可被应用于该领域。

（8）注水后热采技术

将注水后热采技术应用于黏度及含蜡量较高的油藏水驱后可提高原油采收率，这已受到广泛的关注。室内驱油试验表明，高温蒸汽可以使岩石完全变成水湿，剥下剩下的油膜，同时可大幅度降低原油黏度，再加上蒸汽蒸馏等作用，可以使原油采收率得到明显提高。该技术在大庆长垣过渡带开展过矿场试验[10]。

（9）微生物采油技术

微生物采油技术是一项把生物工程应用于原油工业的新兴技术。我国微生物采油技术经过攻关研究，技术已取得了很大进展。形成了菌种筛选与评价、驱油试验评价、油藏筛选、试验方案设计、微生物菌种登记等有关技术规程和评价方法。在生物聚合物和生物表面活性剂的研制方面已获得较好进展，并在大庆萨中开发区过渡带已开始了小规模生产和先导性现场试验[11]。

（10）物理法采油技术

物理法采油技术包含人工地震、高能气体压裂、低频振荡波、声波、超声波、次声波、高能气体爆燃冲击波、电磁波、磁场采油、油水井水力振荡解堵等方法的试验研究。物理法采油技术可用于高含水油田中后期开采以提高水驱采收率，也可用于用常规增产技术无法处理的含黏土油藏、低渗透油藏以及稠油油藏的开采，具有适应性强、工艺简单、成本低、对油层无污染的特点[12]。

由于油田开发晚期剩余油高度分散或受储层非均质性的影响，剩余油分布的研究难度越来越大，人们也认识到微观剩余油分析技术研究的重要性，因而陆续出现了一些微观剩余油分析的研究技术。只有充分认识剩余油的微观分布特征，才能使剩余油的分布研究越来越深入，从而可挖潜出更多的剩余油，甚至可稳定全球的能源格局。

1.2 国内外研究现状

1.2.1 综述

微观分布的剩余油是指当水驱过程终结时,在宏观上已被注入水波及驱扫过的孔隙中剩余的油。水驱后的微观剩余油按其形成原因可分为两大类,第一类是由于注入水的微观指进与绕流所形成的微观团块状剩余油,因为没有被注入水波及,所以保持着原来的状态;第二类是滞留于微观水淹区内的水驱残余油,这部分微观剩余油与微观团块状剩余油相比,在孔隙空间上更为分散,形状也更为复杂多样,需要更加深入研究。针对低渗透、高含水、特高含水期油田面临的严峻开发形势,以前的技术手段不能完全满足目前开发研究的需要,必须在剩余油研究的微观技术手段上实现突破,通过开展剩余油微观分布特征的细致深入研究,将宏观和微观研究相结合,尤其需要创新剩余油微观研究技术,这样才有助于解决大庆油田高含水期开发和低渗透油藏研究的瓶颈问题。

当前国内外剩余油形成与分布的研究方法大致有 6 种:① 开发地质学方法[13];② 油藏工程方法[14];③ 测井方法[15];④ 数值模拟方法;⑤ 高分辨率层序地层学方法;⑥ 微观孔隙结构及微观剩余油形成与分布的研究方法。前 5 种基本属于宏观研究,技术基本定型,应用基本成熟,但研究的只是宏观分布的可能性,至于微观分布和机理研究主要靠第 6 种,即微观剩余油形成与分布的研究方法。随着开发难度的增加,人们越来越认识到,针对油田高含水期开发或者低渗透油气藏开发,宏观研究不能解决驱油效果和剩余油形成与分布研究的机理问题,微观剩余油研究技术显得越来越重要,并且需要综合多学科理论知识,探讨新方法。有机整合微观和宏观研究成果,从本质上研究剩余油形成与分布的机理和驱油效果,是解决低渗透油气藏开发或高含水期开发的关键手段。

从储层微观特征方面入手研究剩余油分布规律的主要思路是:从研究微观孔隙结构特征入手,通过流体与岩石孔隙系统中及相应组分的物理化学作用等方面的研究,综合认识微观孔隙结构、微观剩余油分布及这两者之间的关系,厘清不同微观孔隙结构中的驱替机理,从而认识剩余油分布规律。

近几年,人们探索出 2 种微观剩余油形成与分布的研究方法:① 含油薄片技术[16];② 微观仿真模型技术。前者能够分析剩余油和水的分布形态、评价水淹程度和剩余油饱和度,后者则包括了岩心仿真模拟驱替试验方法、理想仿真模型驱替试验方法和随机网络模拟法 3 项。

1.2.2 微观剩余油分析技术与应用研究存在的问题

目前,为适应越来越高的剩余油开发研究要求,该领域已经从宏观技术手段向精细的微观认识方向发展。针对微观剩余油分析,主要是荧光显微镜技术的运用研究,虽然此方面有一些进展,但目前以荧光显微镜技术为核心的剩余油微观研究方法存在下列缺陷。

① 样品制备时无法保证原油和水原始状态和位置关系不被破坏。

② 图像采集时,由于没有选择适合的光路系统,油水的荧光颜色接近,分辨不清油水界

面,所以对于束缚态、半束缚态、自由态的解释显得证据不充分,或者误差很大。

③ 缺乏针对原油轻质和重质组分的可视化微观分布研究。

④ 普通荧光显微镜无法实现油水岩三维分析和检测。

⑤ 缺乏针对油水岩微观分布的综合控制机理研究。如微孔缝(10 μm 级别)分布与剩余油的关系、黏土矿物分布与剩余油的关系,并且孔隙结构研究缺乏可信的直观成像技术支持。

⑥ 微观仿真模型技术与实际储层开发情况经常有很大差别,难以合理解释。

1.2.3 深度学习研究进展

深度学习网络起源于 20 世纪 60 年代,当时 Ivakhnenko 等(1965)第一个发表了用于监督深度前馈多层感知器的通用工作学习算法[17]。它们的单元具有多项式激活函数,其结合了科尔莫戈罗夫-加博尔多项式中的加法和乘法。Ivakhnenko 在 1971 年描述了一个由数据处理分组方法训练的 8 层深层网络,在进入 21 世纪后仍然流行。给定具有相应目标输出向量的输入向量训练集,通过回归分析递增地生长和训练各分层,然后在单独验证集的帮助下进行修剪(可使用正则化除去多余的单元)。每层的层数和单位数可以以问题依赖的方式学习。

就像后来的深层神经网络一样,Ivakhnenko 的网络学会了创建传入数据的分层分布式内部表示。许多后来的非人工智能和机器学习的非神经方法也学习了越来越多抽象的分层数据表示。例如,在语法模式识别方法的语法归纳中,发现了可形式化观察的有形式规则的层次结构[18]。

20 世纪 70 年代也出现了受神经生理学启发的卷积神经网络(CNN)架构。今天,这种架构被广泛用于计算机视觉领域。具有给定权重向量(滤波器)单元的(通常为矩形的)感受场逐步跨越输入值的二维阵列,例如图像的像素(通常有几个这样的滤波器)。然后,该单元的后续激活事件的结果阵列可以向更高级单元提供输入等。大量的权重复制,可能需要相对较少的参数来描述这种卷积层的行为,这些卷积层通常馈送下采样层,该下采样层由固定权重连接源下面的卷积层中的物理邻居的单元组成。

对于受监督的循环神经网络(RNN),存在反向传播(BP)的扩展。在"基于时间的反向传播"(BPTT)的训练期间,RNN 被"展开"到模糊神经网络(FNN)中,该 FNN 具有与观察到的输入矢量序列中的时间步长基本一样多的层。BP 和 BPTT 的缺点在 1991 年变得明显,当时消失/爆炸梯度问题或"基础深度学习问题"被识别和分析——使用标准激活函数,累积反向传播误差信号或者数量呈指数缩小层(或时间步),或超出界限。这个问题在 RNN 中最为明显,这是所有神经网络中最深的结构。在某种程度上,无黑塞优化可以缓解 FNN 和 RNNs 的问题。

为了克服消失梯度问题,提出了一种早期生成模型,即无监督的 RNN 堆栈,称为神经历史压缩器。第一个 RNN 使用无监督学习来预测其下一个输入。每个更高级别的 RNN 尝试在下面的 RNN 中学习信息的压缩表示,试图最小化数据的描述长度(或负对数概率)。然后,顶级 RNN 可以通过监督学习从而容易对数据进行分类。还可以通过迫使较低 RNN 预测较高 RNN 的隐藏单元,将较高 RNN("教师")的知识"提炼"到较低 RNN("学生")中。在 20 世纪 90 年代早期,这样的系统可以解决以前无法解决的"非常深度学习"任务,涉及数百个后续计算阶段[19-20]。

与 RNN 在概念上非常相似但基于 FNN 的系统是深度信念网络,一组受限制的 Boltz-mann 机器具有单层特征检测单元,它们可以通过对比分歧算法进行训练。至少在理论上,在某些假设下,添加更多层可以改善数据负对数概率的界限,相当于数据的描述长度,就像上面的 RNN 历史压缩器一样。GPU-DBN 比以前的 CPU-DBN 快了几个数量级,正如 Coates 等在 2013 年的研究所揭示的那样。DBN 在音素识别方面取得了良好的效果。自动编码器堆栈成为一种流行的替代方式,以无人监督的方式预先训练 FNN,然后通过 BP 进行微调,正如 Bengio 等于 2007 年研究的例子。

一般而言,无监督学习(UL)可以帮助以有利于进一步处理的形式对输入数据进行编码。例如,在基于 BP 的微调之前,FNN 可以通过竞争性 UL 从预训练中获益。许多 UL 方法可生成输入模式的分布式稀疏表示。在理想情况下,给定输入模式的集合,通过深度神经网络的冗余减少将创建集合的因子代码(具有统计独立分量的代码)。这样的代码可以是稀疏的并且对数据压缩、加速后续 BP、后续朴素但最佳贝叶斯分类器的任务无效化是有利的。深度 UL FNN 的方法包括分层自组织 Kohonen 映射、分层高斯势函数网络、用于 SL 分类器的特征层次的分层 UL、自组织树算法以及具有 5 层或更多层的非线性自动编码器(AE)。可预测性最小化通过非线性特征检测器搜索因子代码,这些检测器对抗非线性预测因子,试图尽可能提供信息和不可预测性。Behnke(2003)通过训练神经抽象金字塔中的分层 CNN 重建被结构化噪声破坏的图像,从而在更深的层中实施越来越抽象的图像表示。

在 20 世纪 90 年代,无监督的基于 RNN 的历史压缩机在很大程度上已经被纯监督的 LSTM RNN 所取代。然而,在 2000 年代的许多应用中,DBN 和其他无监督方法在很大程度上被纯监督的 FNN 所取代[21-25]。

1.2.4　数字化网络孔隙模型构建技术研究进展

目前,根据压汞、CT 等技术手段获得的孔隙空间的孔径分布与结构特征以及孔隙空间的信息,再结合真实岩心孔隙空间结构的简化,采用建模方法建立数字化岩心,可创建一种真实性比较强的三维孔隙网络模型,这种孔隙网络能够反映岩心孔隙空间的几何形状及拓扑结构。为了能够更真实地模拟岩心孔隙空间的孔径分布及结构特征,进一步研究三维孔隙网络模型具有重要意义[26-27]。

孔隙网络模型是一种描述岩石内部复杂孔隙空间的方法,相对传统手段,其可以比较容易地实现岩石孔隙空间拓扑结构的可视化。孔隙网络模型是对岩石中较大体积连续空间的数据描述,即由孔隙的描述性数据以及对连接孔隙的狭长空间(即喉道)的描述性数据构成。孔隙网络模型主要通过对真实岩石孔隙空间的理想化、抽象化实现岩心孔隙空间的数字化模拟,因此这些几何形状参数的选取是较为真实模拟岩石孔隙空间的关键。孔隙网络模型建立有两种方向,一是随机网络模型,二是直接映射网络模型。孔隙网络模型种类繁多,不同的孔隙网络模型构建网络模型的方法和表征拓扑结构的方法存在一定的差异。孔隙网络模型根据反映孔隙空间信息的真实性可以分为两类,即规则拓扑孔隙网络模型和真实拓扑孔隙网络模型[28]。

建立与真实岩心等价的孔隙网络模型,必须具备 3 个要素:① 拓扑结构信息——配位数的分布及其平均值可以用来表征拓扑结构信息。② 几何信息——孔隙和喉道的尺度及其分布、内壁粗糙度都可以用来表征孔隙空间的几何信息。③ 关联性——孔隙和喉道之间的相互连通关系可以准确表征孔隙空间的关联性。

（1）规则拓扑孔隙网络模型

孔隙网络模型多年来经历了由简入繁的发展历程。规则拓扑孔隙网络模型是指孔隙、喉道在二维、三维网络模型中的排列十分规整。规则拓扑结构的二维网络模型最先由 Fatt 于 1956 年提出，他计算并预测了驱替过程中相对渗透率和毛管压力以及电阻率下增大指示曲线与试验得到的曲线基本吻合，因此认为创建毛管网络模型是可以真实反映岩石孔隙空间的一种方法。由 Fatt 提出的二维网络模型，连通性比较差。之后，Chatzis 和 Dullien 于 1977 年提出了三维毛管网络模型，研究结果显示，二维毛管网络模型仅能模拟单相流体的流动，不适用于模拟两相流体的流动，而且二维网络模型较之三维网络模型无法显示孔隙之间真实的关联性。Salter 和 Jerauld 经过大量的试验研究发现，孔隙半径与其相连通的平均的喉道半径的比值是影响润湿滞后的重要因素；孔隙和喉道的尺寸影响着相对渗透率曲线的形状。Miller 和 Lowry 等众多学者在此基础上研究了孔隙网络模型的拓扑结构特征以及孔隙、喉道的大小，同时研究了它们之间的关联性[29-31]。

Mohammadi 等于 1990 年提出了一种仅由孔隙和喉道构成并且有无数个分支的孔隙网络模型，该孔隙网络模型十分灵活，可以通过改变配位数调整网络模型结构；Bryant 等于 1992 年应用过程模拟法构建与真实岩心孔隙空间更为近似的网络模型，并且成功预测了绝对渗透率、毛管压力等参数；随后 Bakke 等对 Bryant 等提出的方法进行了改进，采用过程模拟法生成了网络模型，预测了砂岩的渗流机理；Friedman 等于 1995 年利用立方体孔隙网络模型计算出了模型的扩散系数；Dixit 等于 1999 年利用规则拓扑孔隙网络模型，研究了用水驱油提高采收率过程中润湿性的影响因素[32-33]。

Erzeybek 和 Akin 于 2008 年建立了碳酸盐岩类的规则的孔隙网络模型，并模拟了两相流动过程，研究结果显示，裂缝的相渗曲线和油水的相渗曲线形态相近。Hassanizadeh 和 Raoof 于 2009 年提出了一种建立孔隙网络模型的新方法，更准确表征了真实岩心孔隙空间的结构特征。与真实岩心孔隙空间存在较大差异的规则拓扑孔隙网络模型，虽然不能较真实反映岩心孔隙的空间特征，但是由于孔隙、喉道基本单元的表征方法及尺寸赋值不同，该类方法具有多样化的表现形式。创建的规则拓扑孔隙网络模型如图 1-1 所示。

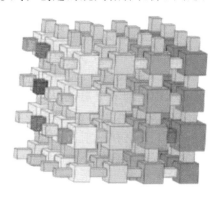

图 1-1　规则拓扑孔隙网络模型

规则拓扑孔隙网络又可分为平面四边形、三角形、六边形和立方体网络,四种网络分别对应的表征孔隙连通特征的一个重要参数,即配位数分别为 4、6、3、6,孔隙的连通程度可以用配位数的大小表示,通过拟合试验,可以获得与这几种模型相关的几何参数。为了模拟研究真实岩心孔隙空间的拓扑结构,可以通过调整规则拓扑孔隙网络模型的配位数来建立与所研究岩心孔隙空间近似等价的孔隙网络模型,增加研究的真实性。

① 表征孔隙、喉道几何形状的方法

规则拓扑孔隙网络模型认为孔隙、喉道的形状都是特别规则的。最先由 Fatt 提出用所建模型中的圆柱形毛细管表示喉道,用各个喉道之间的连结点表示孔隙,然后构建了二维毛细管网络模型,这有利于预测相渗曲线,但该模型存在一定的局限性,毛细管中只有单相流体,这对研究两相和多相渗流机理是不利的。此后,有很多学者进行了深入研究,提出了孔隙、喉道其他规则形状的横截面,对于其他规则的横截面,模拟试验结果表明,润湿相流体通常存在于这些有棱角的几何形状的角隅处,为润湿相流体提供了留存空间,这些几何形状较最初的圆柱形对于解决两相和多相渗流及润湿相的问题有更好的效果。规则的几何体与真实岩石几何形状相比,差异性比较大,缺乏真实性,但是具备孔隙空间重要的几何特征[34-37]。

② 赋值孔隙、喉道尺度的方法

最初,规则拓扑孔隙网络模型中孔隙、喉道尺度的赋值具有完全随机性,后来,孔隙和喉道尺度赋值的问题一直备受关注,大量的试验研究表明,孔隙和喉道的尺度大致满足一定的分布规律。因此,为了更清晰地描述孔隙和喉道在孔隙空间内的分布状况,可以运用分布函数。分布函数的种类有很多,最常用的分布函数有 β 分布函数、威布尔分布函数等[38]。

③ Bethe 网络

Mohammadi 等提出由交点和连线构成、具有无穷个分支和未闭合的网络,并将其定义为 Bethe 网络。在 Bethe 网络中,用连线表征孔隙,连线有一定的半径及流动阻力,描述Bethe网络的几何特征可以用连线的体积和尺寸分布,而连线的交点只起连接作用。特征参数是配位数的 Bethe 网络应用实例比较多,如可以应用该网络通过计算获得液驱气过程的渗透率曲线等,配位数可以控制、调节网络的拓扑结构。由于 Bethe 网络仅由配位数这一个特征参数控制,因此该网络是比较规则的。Bethe 网络模型示意图(配位数为 5)如图 1-2 所示。

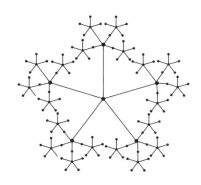

图 1-2　Bethe 网络模型示意图(配位数为 5)

（2）真实拓扑孔隙网络模型

用真实拓扑孔隙网络模型所获取孔隙图像中包含的孔隙信息是建立真实拓扑孔隙网络模型的前提条件，再结合算法建立孔隙网络模型。数字岩心可利用图像或者数字来表征岩心的孔隙信息，数字岩心的创建方法可以归纳为两大类，即物理试验方法、数学方法。用物理试验方法创建的数字岩心与用数学方法建立的数字岩心相比，用物理试验方法创建的数字岩心的真实性更高，适用性也更高[39]。

目前建立数字岩心的方法有切片组合法、CT 扫描法、数理统计法、过程模拟法等。切片组合法利用连续制备的岩样切片来获取较高分辨率的图像，将该图像进行三维重构，即可得到数字岩心；CT 扫描法通过 CT 扫描可以快速准确获取孔隙的结构特征，根据 CT 图像，经过滤波和孔隙分割，建立数字岩心；数理统计法从岩样的二维图像中获取岩样的信息和属性，利用统计法将二维孔隙信息转化到三维空间，即可建立数字岩心；过程模拟法是一种通过模拟岩石的沉积、压实、成岩的过程来获取孔隙三维图像并建立数字岩心的方法。

创建真实拓扑孔隙网络模型主要的几种方法介绍如下，其中的居中轴线法和最大球法已经被普遍应用[40-41]。

① 多向扫描法

对多个方向的岩心切片进行扫描，根据扫描结果可以识别孔隙和喉道，并且把多方向的切片扫描过程中相交的对应位置最小处定义为喉道，该方法由 Zhao 等于 1994 年提出多向扫描法的缺点很难确定孔隙的位置，后来该方法仅用来计算孔隙空间的水力半径[42-44]。

② 居中轴线法

孔隙空间的中轴线可以准确描述孔隙空间的连通关系及拓扑结构特征，经过对比，岩石的孔隙空间与贯通岩心内部没有固定横截面形状的空心管道相似，将每一个单个的空心管道的中轴线相互连接起来就构成了孔隙空间居中轴线，以居中轴线为基础，经过合理划分孔隙空间即可得到孔隙网络模型。Lindquist 在 1996 年采用烈火模拟算法，定义中轴线的节点为孔隙，定义中轴线上局部位置最小处为喉道，所提取的居中轴线图如图 1-3 所示。

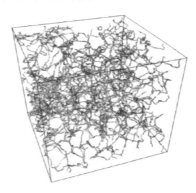

图 1-3　Lindquist 等提取的居中轴线图

Baldwin 等于 1996 年针对核磁图像提出采用细化方法提取孔隙居中轴信息的方法。数字岩心由多个体素组成，代表孔隙空间和骨架矿物的体素是不同的，从最邻近骨架矿物的某个随机孔隙体素开始，以一定的速度和策略扩散，标记孔隙体素的扩散顺序和路径树，最后被扩散的点为标定中轴线上的点。对所有最近邻骨架矿物的孔隙体素重复迭代这一过程，所得到的孔隙体素的位置和路径，表征了孔隙空间的分布规律以及孔隙和喉道相关的几何参数信息。Lee 等于 1994 首次提出了 LKC 算法，其主要思想是利用八叉树数据结构辅助计算体素之间的连通性，采用一定的策略删除多余的边界点，即可得到居中轴线。赵秀才等学者于 2010 年在此算法基础上做了进一步的改进[45-47]。

孔隙空间居中轴线可以用烈火模拟算法、基于 Ma 提出的细化算法、中轴线提取算法等运算得到，但是由于孔隙空间复杂，可能会出现一种错误的结构，这是因为一个孔隙中可能会存在多个中轴线节点和无用的枝节，得不到优化结果。因此，必须先删除多余的枝节，再构建孔隙网络模型，并且将不合理的中轴线节点合在一起，缩减对所构建中轴线的干扰，从而有效准确地实现数字模型预测。Al-Raoush 等先提取孔隙空间居中轴线，然后创建孔隙网络模型，并定义了一种新方法来识别孔隙——用不少于三条中轴线的连接点作为孔隙的中心，球心为孔隙中心，放置圆球，逐渐扩大圆球的半径直至圆球表面与岩石外壁相接触，将此时圆球的半径定义为孔隙的半径，分析所建的孔隙网络模型，可以清楚辨识孔隙和喉道，而且观察到孔隙和喉道有良好的空间分布。因此，孔隙空间居中轴线法为建立孔隙网络模型提供了有效的途径，但该方法建立的孔隙网络模型能否预测渗透率、相渗曲线等是未知的，还需对该方法做进一步研究。

③ Voronoi 多面体法

可利用过程模拟法模拟岩石的沉积、压实等过程来获取包含孔隙信息的三维图像，利用孔隙信息建立数字岩心。岩心内每一个成岩颗粒的位置是固定的，也是已知的，增大单个颗粒的半径直至充满整个孔隙空间，记录增大颗粒半径过程中颗粒的相交点，Voronoi 多面体就是由这些相交点连起来构成的，其中，多面体的顶点代表孔隙，同时顶点之间的连线代表喉道，统计、记录孔隙和喉道的相关参数之后便可以开始创建孔隙网络模型。Delurue 等建立了一种 Voronoi 多面体，然后在此基础上建立孔隙网络模型，这种方法适用于任何一种孔隙空间[48-50]。

Voronoi 多面体法存在局限性，若用该方法建立 Berea 砂岩的网络模型，模型的拓扑结构性质会很差。该方法的适用性与创建数字岩心的建模方法有关，只有与过程模拟法建立的数字岩心相匹配，才能成功创建孔隙网络模型[51]。

④ 最大球法

最大球法应用较为广泛。最大球法中，球体在孔隙空间中生长，将空间内每个孔隙体素定义为球心。最大的球体代表孔隙，而连接它们的较小球体则形成喉道。最初，Silin 等于 2003 年用最大球法表征岩心孔隙空间。最大球法的基本思路为：以孔隙空间中的任一点为中心，首先放置一个微半径的球体，然后逐渐增加球体的半径，直至球体的表面与岩石的壁面接触，定义此时的球体为最大内切球，岩石孔隙的半径与此时最大内切球的半径相等。找寻最大内切球可通过逐步扩大球体半径，在孔隙空间内可以观察到一系列相互交叠或相互包含的球体，被包含的球体则称为多余的球体，把所有多余的球体删除，得到的主球体和仆球体是根据球体半径的尺度划分的，即对于任意两个相互交叠的球体，半径较大的内切球为主，半径较小的内切球为仆球。倘若一个球体同时与多个球体相互交叠，相对应的主球可以是与之交叠的多个球体中半径较宽的仆球体。Silin 等明确定义了孔隙，对喉道的定义不够明确，而且 Silin 不从数字岩心中提取孔隙网络模型，但是这种算法的思路为后人提供了研究基础[52-56]。

2007 年 Al-Kharusi 等利用该方法建立了砂岩和碳酸盐岩的孔隙网络模型,并且全面定义了球体之间的相互关系。Dong 于 2007 年改善了 Al-Kharusi 等提出的建模方法:① 对生成最大球体的方法进行了改善,很大程度上提高了建模的速度。② 为了描述相互交叠的球体之间的关系而建立了树状结构,更加清晰地表征了孔隙和喉道之间的连通关系,不再利用主、仆球体或者等径球体,同时提出了成簇划分最大球的孔隙和喉道的方法,这种方法更为清晰、准确,试验过程中主要利用聚簇算法对所得到的最大球集合进行分类,便于识别孔隙空间和喉道空间。Dong 提出的建立孔隙网络模型的方法存在一定的问题,确定的孔隙的长度大于真实长度,而确定的喉道的长度却小于真实长度,这两种参数的尺度问题影响着其他孔隙和喉道参数的确定。因此,需要对孔隙和喉道的参数进行修订,Dong 建立的孔隙网络模型如图 1-4 所示。

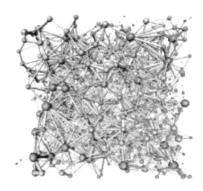

图 1-4　Dong 建立的孔隙网络模型

闫国亮于 2013 年针对 Dong 提出的最大球法中存在的问题进行了相应改进,使识别的孔隙和喉道更加清晰、准确。之后,有学者继续研究和发展最大球法,引入了友球、两步寻找算法寻找最大球体,用树状结构和成簇算法确定孔隙和喉道。经过学者们的共同努力,进一步提高了最大球法的建模速度及准确性,但是这种方法对于孔隙空间中配位数高的孔隙没有优化效果[57-63]。

综上所述,随机网络模型大多数都是规则拓扑孔隙网络模型,规则拓扑孔隙网络模型在过去的几十年已经得到了长足发展。应用不同几何形状的横截面表征孔隙和喉道的几何形态,只能解决受单相、多相或者润湿相影响的一种或多种问题,这种模型存在很大的局限性,模型构造简单,计算速度快,这与真实岩心孔隙空间差异太大,不能真实反映岩心孔隙空间孔隙的分布规律及拓扑结构特征。由于孔隙、喉道基本单元的表征方法及尺寸赋值不同,规则拓扑孔隙网络模型的表现形式多样[64]。

相对来说,真实拓扑孔隙网络模型比规则拓扑孔隙网络模型描述的准确性更高,研究真实岩心孔隙空间的一种发展趋势就是应用真实拓扑孔隙网络模型。因此,研究微观渗流模拟的重要内容之一就是创建真实拓扑孔隙网络模型。

1.2.5　聚驱后剩余油分布研究进展

经过某一次开采后,地下仍然留存的原油可定义为剩余油,根据研究的可观性,将剩余油大致分为两类,即微观剩余油和宏观剩余油。微观剩余油又根据其存在的形态可大致分为滴状、簇状、盲端状和膜状剩余油。其中,滴状剩余油所占的相对比例最大,能够充分体现微观剩余油分布规律。剩余油的分布主要受孔隙的结构特征、颗粒矿物等因素的影响,储层的孔隙结构不同,剩余油的存在形态有一定的差异。

经过长期、大面积的注水开发,我国大多数的老油田都接连进入了石油开采的后期,油田的含水率、油采出程度等都相当高。目前面临着石油储量不充足、年储采比持续下降的严峻形势以及老油田出现的采收率降低的严重问题。我国目前可以开采的剩余油储量是非常可观的,为了有效实现老油田采收率递减规律,可以采用深度开采老油田的方法来提高采收率;同时,该方法也可以实现原油维持稳产的状态。根据对剩余油的形成及分布规律的研究,准确识别出剩余油储量较大的区域并提出相对应的切实可行的开采措施则应是重要工作内容。

剩余油研究方法的四个发展趋势为:① 地质学方法——研究剩余油的试验中应用最多的就是地质学方法。② 综合多学科、探索新方法——研究剩余油的形成和分布规律需要多个学科的理论支撑,如渗流力学、油层物理、油藏工程等,在这些学科的基础上可探索新的研究方法。③ 宏观的研究与试验——微观剩余油和宏观剩余油之间存在一定的关联,前者是后者的基础,后者是前者的综合体现,二者相互依存;对于研究剩余油的形成和分布规律,宏观研究和微观试验都是非常重要的。④ 多学科集成化油藏研究——其源于国外的石油公司,为了解决油藏开采过程中的复杂问题,建立了地质、油藏工程等研究人员一体化平台,实现信息利用的高效性、反馈的及时性[65-66]。

我国的很多油田的开采方式从水驱油逐渐转换到聚合物驱油和聚驱油,因此剩余油分布规律也从水驱后转换成复合驱后。水驱油时由于水的流动性比较大,黏度低,驱油效果差,开采出的原油储量小,地下剩余油的储量很大。相对来说,聚驱油主要通过提高驱油过程中的波及体积,驱替出留存在孔隙中的剩余油,但驱替不够彻底,对于较低局部渗透率的油层区域,地下的剩余油储量仍比较大。

对大庆油田进行的聚驱油试验结果表明,聚驱相对水驱在采收率方面可以提升十几个百分点,相比聚合物驱油在采收率方面可以提升八个百分点;同时,聚驱后,油层的水淹程度增加的幅度比较大,特别是高水淹层增加的幅度比例比较大,中、低水淹层增加的幅度比例较小。从所研究的注入井的吸水剖面的资料中可以看出,水驱油过程中,由于油层的层间和层内的矛盾较为突出,动用油层厚度和层数的比例均呈下降趋势。从注聚合物开始,前期阶段,中低渗透层的启动压力一直高于注入压力。由于压力存在差异,因此会出现动用的油层厚度和层数比例持续下降的现象。继续注入聚合物,进入主段塞时期后,注入压力提升幅度加大,使得动用油层厚度和层数的比例呈现大幅度回升的趋势,后期由于发生剖面返转,会出现动用油层厚度和层数的比例降为较低水平的现象。进入副段塞时期后,采用交替注入的方式,使得中低渗透层获得重新被启用的机会,动用比例呈上升趋势,后期由于注聚困难,动用比例再次呈下降趋势,最终降到试验的最低水平。

通常情况下,根据测出的油水井的动态数据以及测井解释曲线等资料来研究聚驱驱油效果,通过对比水驱后和聚驱后的岩心监测资料变化和剩余油动用情况分析储层的物性变化规律和剩余油分布规律,结合数值模拟结果,对剩余油变化规律可形成初步的认识。平面上通过应用测井解释曲线,可清晰明了地解释各单元在注采范围内聚驱替液波及的情况。

其中,剩余油饱和度很低,并且分布情况高度分散,可见聚驱油明显好于水驱油,而注采范围外的区域仍保持着水驱后的状态,剩余油呈片状分布,挖潜注采范围外的剩余油可以采用原井网补孔的方法。从平面上沉积微相区剩余油的分布状况来看,虽然中心微相带驱油效果比较好,含油饱和度较低,但是中心微相带原始的储层厚度比较大,相应地,含油饱和度就比较高,所以剩余油储量依旧比较大。在侧缘带附近,油层的动用程度比较差,驱油效果比较低,因此侧缘带处剩余油储量比较大。纵向上高、中水淹层的厚度相对比例较高,各沉积单元的相对含水饱和度可以达到百分之五十左右,试验区目的层各单元的含油饱和度都有不同程度的降低,聚驱油在水驱油的基础上提高了驱油效率,尤其对于 1 m 以下的薄层,聚驱油后,驱替原油的效率很高,地下留存的剩余油储量在减少,并且各单元各部分的动用状况越好,剩余油的相对比例越低。

综上分析,聚驱提高采收率的程度与油层的动用程度成正比,聚驱油后平面和纵向上的剩余油都比较少并且高度分散。这些说明研究聚驱油后剩余油的分布规律是一种必然的趋势,同时是提高原油采收率重要的途径。

1.3 关键开发技术与研究内容

本书前三章中开发了冷冻岩心制片技术、高分辨率荧光显微镜和激光共聚焦扫描显微镜油水岩检测的微观剩余油分析技术。检测了不同渗透率天然岩心的剩余油及有机质特征、储层基本特征,研究了剩余油与孔隙结构的关系,分析了剩余油的类型及形成的原因和分布特征,讨论了原油乳化和采收率的关系。第 4~6 章构建了数字化孔隙网络模型及基于不同结构的深度学习神经网络,利用其各自特点分别识别数字化孔隙网络模型截面图像中的剩余油,将对模型进行模拟驱油后的剩余油识别与统计结果和对真实岩心驱油试验后的剩余油识别与统计结果进行对比,同时研究孔隙分布、配位数、形状因子、孔喉比、润湿性等孔隙结构参数对水驱油及聚驱油效率的影响。本书的技术路线如图 1-5 所示。本书主要开展了以下工作:

① 冷冻制片荧光显微镜剩余油分析技术研制开发。该技术是使流体在岩石中保持原始状态下完成样品制备和测试的关键技术,是进行孔隙尺度微观剩余油赋存状态和分布特征研究的基础。与以往的荧光显微镜分析方法相比,本技术可以清晰观察岩心自然断面上的微观孔隙结构和油水分布特征,并且可以定量分析剩余油类型比率、含油饱和度、油水比等参数。

② 激光共聚焦剩余油分析技术研制开发。该技术是基于孔隙尺度的剩余油三维空间分布状态研究的关键技术,是微孔、微缝内剩余油的不同原油组分与矿物结合关系研究的基础。实现了对微观油水岩三维分布特征可视化观察研究的目标,定量研究了驱油过程中原油轻、重质组分的比例分布特征。

③ 对不同孔渗岩心微观剩余油类型进行了详细分类研究。分别研究了束缚态、半束缚态、自由态等各类剩余油的微观赋存形态结构和分布规律。

④ 通过岩石薄片、黏土 X 衍射、扫描电镜、铸体薄片、孔渗等试验数据的研究,总结了不同油层的储层基本特征。通过测井资料进行了微孔隙结构识别,结合压汞数据资料研究了

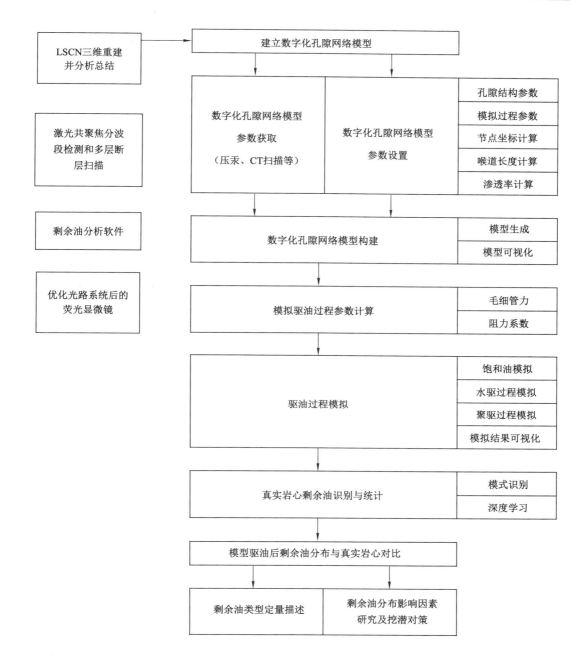

图 1-5 技术路线

单井的变化,还研究了孔隙结构与沉积相和成岩作用的关系。

⑤ 数值模拟方法微观驱油应用研究。根据目标区储层孔隙结构特征建立基于孔隙尺度的数学模型,模拟不同配位数样品的孔隙内流体速度场和剩余油分布关系。

⑥ 水驱过程中黏土矿物的变化规律研究。研究不同水洗阶段的油、水变化和黏土矿物的关系以及对治措施。

⑦ 研究三元复合驱后孔隙内原油乳状液类型和平均粒径分别与乳状液黏度的对应关系,以及它们与采收率的关系。

⑧ 考虑孔隙喉道空间的非等径特性,建立符合实际岩心孔隙结构的非对称波纹管状孔隙通道;考虑三角形、正方形和圆形孔道截面,利用自适应孔隙度原则,建立数字化孔隙网络模型,并实现三维可视化。根据生成的孔隙网络模型计算渗透率,并将其与真实岩心试验测得的渗透率数据进行对比,验证数字化孔隙模型建立方法的合理性与模型的正确性。

⑨ 基于构建的数字化孔隙网络模型,利用流体力学、渗流理论、微积分、数值计算等理论方法模拟体渗流过程。建立饱和油、水驱油及聚驱油过程的数学模型并进行求解。模拟过程完成后使用 3DMAX 软件对模型模拟驱油过程后的状态进行可视化。

⑩ 构建不同结构的深度学习神经网络,利用其各自特点分别识别数字化孔隙网络模型截面图像中的剩余油,并计算剩余油总体饱和度和各类型剩余油饱和度。

⑪ 将对模型进行模拟驱油后的剩余油识别与统计结果和对真实岩心驱油试验后的剩余油识别与统计结果进行对比,验证模型与模拟驱油过程的合理性与可用性。

⑫ 基于构建的数字化孔隙网络模型,研究孔隙分布、配位数、形状因子、孔喉比、润湿性等孔隙结构参数对水驱油及聚驱油效率的影响,定量研究统计驱油前后模型内不同饱和度含油孔道比例,可视化驱油后模型图像并对其进行剩余油类型识别与统计,以定量研究不同孔隙结构参数的变化对模型剩余油分布和类型的影响规律。

⑬ 基于构建的数字化孔隙网络模型,研究聚合物浓度、相对分子质量、界面张力等驱油体系对驱油前后模型内不同饱和度含油孔道比例的影响,研究高浓高分聚合物溶液对聚驱后微观剩余油的挖潜作用。

第 2 章 冷冻制片荧光显微镜剩余油分析技术研制

如果要研究岩心微观孔隙内流体特征,首先要在能观察到孔隙的结构特征的同时,也能观察到流体的特征,并且保持孔隙结构和内部流体的位置和状态真实稳定。这给我们提出了三个要解决的问题:一是要求检测设备在高倍观察检测无机矿物的同时,也能观察检测孔隙中的原油或有机质;二是样品制备的时候保持矿物与孔隙内原油的原始状态;三是能清晰地区分油水界面及轻重组分。目前国内外研究微观剩余油分布规律的方法有很多,如核磁共振、铸体薄片、扫描电镜、荧光显微镜、玻璃刻蚀驱油试验等[67]。这些方法都有局限性,前三种只能研究岩石矿物和孔隙总体特征,后两种技术只能研究有机物的特征,玻璃刻蚀驱油试验,与实际孔隙相比差距很大。现在新出一种纳米 CT 技术,可以在三维角度研究岩石矿物和有机质,但是价格昂贵,不利于推广[68]。

为了能够观察天然岩心孔喉分布规律及其与剩余油分布之间关系,开发了一套冷冻制片剩余油荧光分析方法。该试验方法的总体思路是:首先,采用冷冻制片技术,在低温环境进行切磨样品,确保磨片时孔隙内流体的原有形态不会被破坏。其次,是把铸体图像分析显微镜、偏光显微镜和荧光显微镜相结合,综合三者的优点,利用铸体图像分析显微镜提取孔喉特征参数、岩石颗粒特征,利用偏光显微镜识别矿物的性质,利用荧光显微选取紫外荧光滤镜、区分油水边界,用自主开发的剩余油分析软件完成剩余油饱和度和剩余油赋存状态信息的提取;通过观察荧光图像对孔隙中的剩余油分布状态进行判别,以此结果表征剩余油微观分布特征。此方法与以前的其他方法相比,保持了样品中油水岩处于原始状态、油水界面清晰的特点。

2.1 荧光显微镜的结构及工作原理

2.1.1 荧光显微镜的结构

本书应用的显微镜,由铸体图像分析仪、偏光显微镜和荧光显微镜组合而成,同时具有铸体图像分析仪、偏光显微镜和荧光显微镜的功能。铸体图像分析仪和偏光显微镜能够清楚地分辨岩石性质和孔隙结构特征,荧光显微镜则可以用来研究剩余油和水的分布。

2.1.2 荧光显微镜的工作原理

荧光显微镜采用高压汞灯作为光源,汞灯发射紫外光。当紫外光照射含油岩心样品中的原油时,会产生荧光。通过观察发荧光原油与岩石矿物位置,来判别原油的分布和岩石结构的关系。

2.2　分析方法

2.2.1　样品制备

制备流程:切片→密胶→磨光切片→粘片→磨制薄片→贴标签。选取用于剩余油鉴定的样品,在制片前不得用有机溶剂浸泡。制片要求:含油岩石样品在钻样和切片时需要在冷冻条件下进行。

切片之前样品置入液氮中冷冻保存,切片时须尽量切割过缝、洞、孔发育处,切片后样品需要放置在 5 ℃以下环境风干,然后在真空环境用 502 胶进行胶结。制作样品时,若裂缝发育或岩石疏松,则用 T-2 或 T-2 型 502 胶进行胶结,对渗胶较差的油砂可用 K-1 型 502 胶。若胶仍渗不进去,可改用提纯石蜡胶胶结平面。粗磨平面时,若遇有掉颗粒的疏松岩石,须用胶重新黏结,再磨平面,直至全部无孔洞为止。待样品水分干后再进行载片。含油样品岩石中气泡含量不能超过岩石面积的 3%。一般样品岩石片中气泡含量不得超过岩石面积的 1%。磨片时,粗磨至 0.10 mm,细磨至 0.06～0.07 mm,精磨至 0.04～0.05 mm。通常薄片不盖片,但易潮解、挥发的样品须盖片。

2.2.2　剩余油确定方法

原油具有荧光特性,原油的不同组分荧光特性不同,不同组分在荧光的强度、颜色方面会有所差异[69]。因此,可以根据荧光的颜色来判断原油的组分[70]。在紫外光激发下,饱和烃不发荧光,芳烃一般呈蓝白色,非烃通常显示黄、橙黄、橙、棕色,沥青质呈褐、橙褐甚至黄褐色。水在荧光显微镜下不发光。但孔隙中的水会溶解微量的芳烃,这样会表现出颜色较浅的蓝色。利用荧光颜色可以将油和水区分开来。原油的荧光颜色与组分的关系见表 2-1。

表 2-1　原油的荧光颜色与组分的关系

沥青组分	发光颜色
芳烃	蓝、蓝白、淡蓝白
油质沥青	黄、黄白、浅黄白、绿黄、浅绿黄、黄绿、浅黄绿、绿、浅绿、蓝绿、浅蓝绿、绿蓝、浅绿蓝
胶质沥青	以橙为主,褐橙、浅褐橙、浅橙、黄橙、浅黄橙
沥青质沥青	以褐为主,褐、浅褐、橙褐、浅橙褐、黄褐、浅黄褐
碳质沥青	不发光(全黑)

2.2.3　剩余油检测

在偏光显微镜下观察岩石结构、成分、演化情况及孔隙后,再在荧光显微镜下观察油水分布情况,最后用激光共聚焦显微镜观察原油组分在不同孔隙中的分布情况。

① 荧光显微镜下观察及荧光分类使用:一般含油样品用透射光观察,反射光用于观察煤层、天然沥青、微细裂缝中的沥青物质及其他有机岩类。

② 荧光观察:通过荧光显微镜观察,对样品进行粗略描述,描述孔隙中剩余油的油和水分布范围以及油的发光颜色。

③ 共聚焦观察:通过激光共聚焦扫描显微镜观察,可描述样品中原油的组分分布位置和与矿物的结合情况。针对样品中岩石矿物观察:选择 488 nm 波长的激光作为激发光源和接收波长,观察时用绿色显示。针对样品中原油的轻质组分的观察:选择 488 nm 波长的激光作为激发光源,选择 510～600 nm 波长作为接收波长,观察时用红色显示。针对样品中原油的重质组分的观察:选择 488 nm 波长的激光作为激发光源,选择 600～800 nm 波长作为接收波长,观察时用蓝色显示。

2.3　效果对比

普通荧光显微照相时的荧光薄片厚度为 1 mm,颗粒小于 1 mm 时会造成颗粒上下遮挡,很难分清孔隙和颗粒,且采用蓝光激发,油发黄褐色荧光,水发黄色荧光,这易造成油水界面不清晰。常温制片也会破坏油水分布的初始状态。采用常规荧光分析方法,油水及矿物区分不明显(如图 2-1 所示)。

冷冻制片后,保持了油水分布的初始状态。薄片厚度小于 0.05 mm,避免了颗粒上下遮挡和荧光干扰。采用紫外荧光激发全波段荧光信息,岩石不发荧光,呈现黑色,原油发黄褐色荧光,水发蓝色荧光,可以清晰区分油水界面(如图 2-2 所示)。现在,由于技术手段的突破,解决了过去无法区分出油水边界的问题,即通过计算机图像分析法可以求解剩余油饱和度、含油面积、含水面积、不同类型剩余油的含量。

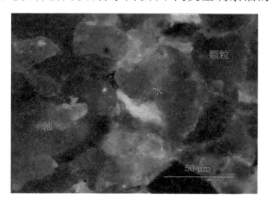

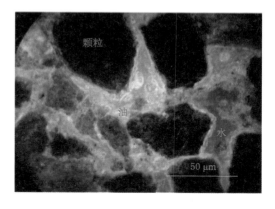

图 2-1　油水岩分布特征(普通荧光)　　　　图 2-2　油水岩分布特征(冷冻制片荧光)

2.4 剩余油分布描述

通过冷冻制片后的荧光图像进行剩余油分布详细描述,绘制剩余油类型示意图(如图 2-3 所示),剩余油分布状态(束缚态、半束缚态、自由态)定义如下。

束缚态:吸附在矿物表面的剩余油,包括孔表薄膜状、颗粒吸附状、狭缝状。

① 孔表薄膜状:以薄膜状的形式被吸附在造岩矿物颗粒表面。

② 颗粒吸附状:以平铺和浸染的形式吸附在造岩矿物的颗粒表面。

③ 狭缝状:存在于小于 0.01 mm 的细而长的狭窄缝隙之中。

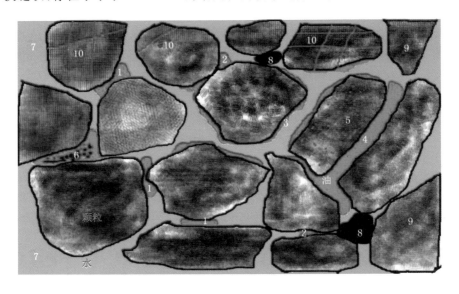

1—喉道状;2—角隅状;3—孔表薄膜状;4—簇状;5—粒内状 ;6—粒间吸附状;7—淡雾状;
8—孔隙中心沉淀状;9—颗粒吸附状;10—狭缝状。

图 2-3 剩余油类型示意图

(仪器中显示颜色:蓝色部分表示水,红色部分表示剩余油,黑色团块表示碳质沥青)

半束缚态:在束缚态的外层或离矿物表面稍远的剩余油,包括角隅状、喉道状、孔隙中心沉淀状。

① 角隅状:赋存于孔隙复杂空间的角落隐蔽处,一侧依附于颗粒的接触角,另一侧处于开放的空间呈自由态。

② 喉道状:在与孔隙相通的细小喉道处残留。

③ 孔隙中心沉淀状:沉淀在孔隙的中心部位,是以胶质和沥青质为主要成分的高分子、高黏度的剩余油。

自由态:离矿物表面较远的剩余油,包括簇状、粒内状、粒间吸附状、淡雾状。

① 簇状:赋存于孔隙空间内,呈簇状、团块、油珠状分布。

② 粒内状:存在于粒内孔中。

③ 粒间吸附状:分布在粒间泥杂基或黏土矿物含量较高的部位。

④ 淡雾状:储层高度水淹,孔隙中的油经以水为主的流体充分、反复的作用后,剩余油几乎被驱替剥离殆尽,少量溶解烃呈淡雾状分布。

2.5　微观剩余油分析软件研制

2.5.1　分析流程

剩余油软件分析流程图如图 2-4 所示。

图像摄取:选择高灵敏的彩色 CCD 摄像机采集 R、G、B 数字图像信号。

色彩变换:由于 R、G、B 三色空间是线性的,即不同区域的等量 R、G、B 给人的视觉感受无论是亮度、色度、饱和度都不同,不利于图像分割,因此建立 R、G、B 和 H、V、C(亮度、色度、饱和度)之间的数学模型,可实现 R、G、B 到 H、V、C 的转换。

色彩增强:采用自乘增强和直方图均衡。选用 R、G、B 曲线的谷点作为系数,进行空间色彩增强。

色彩分类:利用 R、G、B 之值和 H 曲线的峰值进行色彩分类。

图像分割:通过图像颜色将目标提取出来。

特征提取:通过灰度直方图选择合适的灰度门限将目标从背景中分离出来,并计算含油面积、含水面积、剩余油类型比率等参数。

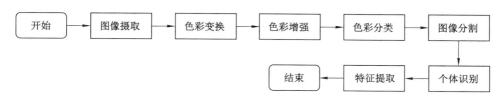

图 2-4　剩余油软件分析流程图

2.5.2　图像分割

对于剩余油显微荧光图像(如图 2-5 所示)而言,黄褐色的部分是原油,蓝色的部分是水,图像分割的任务就是要把原油(黄褐色)和水(蓝色)从岩石(深色)的背景中提取出来,然而进行后续的分析工作。

阈值法是一种传统的图像分割方法,分割后图像如图 2-6 所示,紫色是原油,绿色是水。本书采用的算法是全局阈值分割算法和自适应阈值分割算法。

(1)全局阈值分割算法

全局阈值是指整幅图像使用同一个阈值进行分割处理。该法适用于目标提取部分和剔除部分有明显对比的图像,利用图像直方图获取阈值进行分割[71]。分割前后效果如图 2-7 和图 2-8 所示。

(2)自适应阈值分割算法

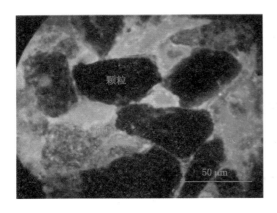

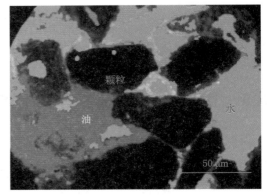

图 2-5　荧光原始图像　　　　　　　　图 2-6　图像分割结果

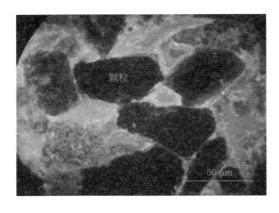

图 2-7　全局阈值分割前原图（灰度图像）　　图 2-8　全局阈值分割后图像（白色部分是提取目标）

　　自适应阈值分割，目标提取部分和剔除部分的对比度在图像的各处是不一样的，可以根据图像的局部特征，采用不同的阈值进行分割。分割前后的效果如图 2-9 和图 2-10 所示[72]。

图 2-9　自适应阈值分割前原图（灰度图像）　　图 2-10　自适应阈值分割后图像（白色部分是提取目标）

2.5.3　个体识别

经过上述的图像分割后,可以从显微荧光图像中识别出油和水,进一步从图像的前景像素中可检测出所有单个类型的油。通过统计剩余油的尺寸、形状、类型和面积,来计算油和水的含量。但实际情况中剩余油的形状和分布复杂,如图 2-11 所示,剩余油连续分布的重叠或连接,需要从图像中检测出所有单个剩余油的边缘线。因此,在进行剩余油类型分布分析时,有学者提出了一些自动化程度较高的算法来进行单个剩余油的边缘检测。目前,有弱连接标记算法、腐蚀传播和主曲线聚类相结合算法、斑点检测算法等,但这些算法并不适用于剩余油的分析。我们采用了相对于前面的算法在自动化程度和边缘检测效果方面有很大进步的约束生长算法。

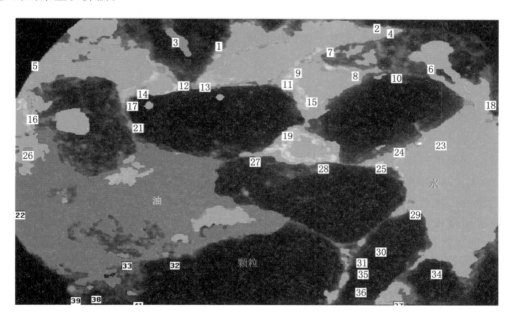

注:绿色部分是水,粉色部分是不同类型剩余油。

图 2-11　剩余油类型识别结果图

2.5.4　特征提取

对微观剩余油进行个体识别后,可以提取出独立的剩余油。在获取的二值图像中,通过统计计算目标像素来获取剩余油的尺寸和形状等参数。下面介绍剩余油尺寸和形状分析中常用参数的计算方法(以下定义的计算过程均以像素为单位)。

①　含油面积:统计该剩余油面积对应前景像素的数量。

②　含水面积:统计该水对应前景像素的数量。

③　周长:统计剩余油边缘前景像素的数量。

④　剩余油类型:统计该类型剩余油对应前景像素的数量。

⑤　油水比:含油面积与含水面的比值。

⑥　剩余油类型比率:不同剩余油类型占所在总体剩余油的比例。

第 3 章　岩石孔隙中有机质分布特征激光共聚焦扫描显微分析技术研制

以激光共聚焦显微镜为基础,研发了岩石孔隙中有机质分布特征分析技术,通过激光共聚焦分波段检测和多层断层扫描,实现了对孔隙内微观剩余油三维检测,量化识别了原油轻重比、不同原油组分与岩石表面黏土矿物的接触关系以及三元复合驱后原油乳化程度与微观剩余油分布的关系。

3.1　激光共聚焦扫描显微镜简介

激光共聚焦扫描显微镜(Laser Confocal Scanning Microscope,LCSM)分析技术是 20 世纪 80 年代末、90 年代初兴起的一种新的光学显微测试方法,它集显微技术、高速激光扫描和图像处理技术为一体。该技术虽然属于显微镜分析技术范畴,但弥补了光学显微镜与扫描电子显微镜的不足,具有许多新的功能和优点,除放大倍数高(可达 32 000 倍),分辨率高(为普通显微镜的 1.4 倍),可以获得高清晰度、高分辨率的图像外,样品制备要求也十分简单。可以观察到样品内部深层次的结构、构造,能进行分层扫描和三维立体图像重建是其主要的优点。

把激光共聚焦扫描显微镜应用于储层孔隙结构研究,这是一项新技术、新方法的探索,以往主要在普通显微镜下进行观察和图像分析以及用柱塞孔隙度测定、用压汞法进行孔隙结构的分析和测量,它们都有一定的局限性并且分析过程比较复杂。该技术针对碎屑岩类或碳酸盐岩类储层的不同岩石孔隙结构进行二维和三维的分层扫描,从而获得岩石孔隙分布的二维和三维图像,并用专业的图像分析软件对图像进行定性和定量分析、统计和计算(包括孔隙的形态、大小、连同性及面孔率等),最终获得岩石孔隙结构的二维和三维量化指标以及孔隙结构图像。

具体内容包括以下几方面:

① 碎屑岩类、碳酸盐岩类储层适合的荧光充填剂的选择与确定;

② 对岩石中孔隙的二维面孔率、三维孔隙度的精确测定;

③ 微孔隙和喉道三维立体图像及定量参数的获取;

④ 对岩石孔隙结构(微孔)的三维立体重建及分类;

⑤ 通过三维立体图像研究孔隙(微孔)的演化、成因及其对储层的影响。

图 3-1 所示是激光共聚焦扫描显微镜分析、鉴定流程。

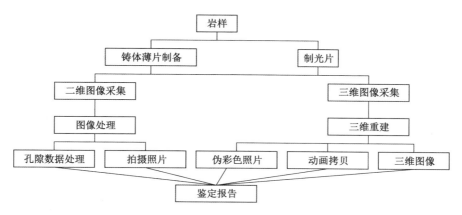

图 3-1　激光共聚焦扫描显微镜分析、鉴定流程

3.2　激光共聚焦扫描显微镜的工作原理和基本特点

3.2.1　激光共聚焦扫描显微镜的工作原理

　　激光共聚焦扫描显微镜与普通光学显微镜的差别在于,普通光学显微镜使用的是场光源,而激光共聚焦扫描显微镜则采用激光作点光源。由于光散射的作用,普通显微镜所观测到的是一幅受干扰的图像,影响了图像的清晰度和分辨率。然而,激光共聚焦扫描显微镜采用点光源和针孔光阑,能够避免光散射的干扰,入射光源针孔和检测针孔的位置相对于物镜焦平面是共轭的,通过在发射光检测光路上放置一个检测针孔,来自焦平面的光就可以通过检测针孔被检测到,而来自焦平面以外的光被阻挡在针孔两边,这就是激光共聚焦的基本原理(图 3-2)。由上可知,光源的选择是十分重要的。而与其他电磁辐射的激发光源相比,激光具有高度的单色性、发散小、方向性强、亮度高和相干性好等独特的优点,已成为目前共聚焦扫描显微镜应用中最理想的光源。

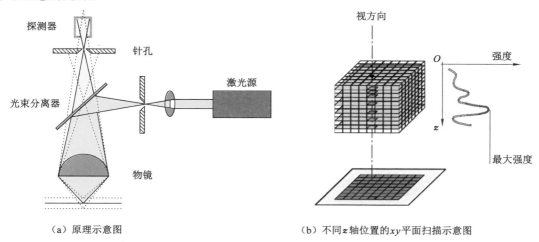

（a）原理示意图　　　　　　　　　　　（b）不同 z 轴位置的 xy 平面扫描示意图

图 3-2　激光共聚焦扫描显微镜原理及三维重建示意图

激光共聚焦又叫细胞 CT 或微观断层扫描,在平面上(xy方向)共聚焦通过对样品逐点或逐线扫描,得到二维图像。在纵向上(z轴方向)以一定的间距扫描出不同 z 轴位置的平面图像,通过三维重建技术,可以还原样品的三维空间状态。

3.2.2 激光共聚焦扫描显微镜的基本特点

(1)特点

本次使用的激光共聚焦扫描显微镜(图 3-3),它具有成像清晰、可连续片层扫描及图像重组、多标记技术运用、可动态观察、可获得数量化信息等特点,在分析和照相清晰度等方面明显优于普通荧光显微镜。

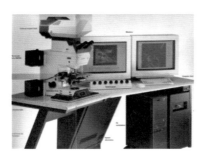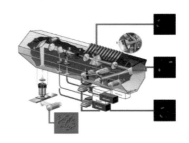

(a)激光共聚焦扫描显微镜组成　　　　(b)激光共聚焦扫描器内部结构

图 3-3　激光共聚焦扫描显微镜

(2)分辨率

在反射光方式下,本系统的 x/y 分辨率为 0.18 μm,相应的 z 轴分辨率要好于 0.35 μm (条件为 $\lambda=488$ nm,NA$=1.32$,玻璃-空气界面,理想的环境条件)。由像点数量和像点尺寸所决定的扫描分辨率与图像清晰度有关,像点的尺寸越小,靠近的两点越容易区别,像点越多,被所给定的像点尺寸所覆盖的扫描面积越大,扫描阵列为 1 024×1 024 个像点(2 048× 2 048 为可选择)。

(3)光源

激光具有高亮度、光束偏差小、聚焦容易和强度稳定的特点,并且其稳定性对于荧光定量测量是很重要的。使用一个可以同时发射几条谱线的多谱线激光器就可选择适合未知样品的激发波长。

因为氩离子和氦氖离子激光器普遍的应用性和可靠性,它已成为一个标准的光源。它可以产生 458 nm、476 nm、488 nm、514 nm、568 nm、647 nm 波长的激光。可以针对原油的荧光特性选择适合的激发波长的激光。不同激光器对应激发波长见表 3-1。

表 3-1　不同激光器对应激发波长

激光器类型	波长/nm
氩离子	458,476,488,514
氦氖离子	488,568,647

3.3　激光共聚焦扫描显微镜图像的三维重建

通过激光共聚焦扫描显微镜得到岩石样品在 z 轴方向的连续切片图像序列,建立三维数据体;通过面绘制(Surface Rendering)和直接体绘制(Directing Volume Rendering)等相关三维重建算法,实现岩石样品孔隙结构和原油形态的三维再现。

三维数据体是由空间 xyz 数据点加上属性信息组成的集合体,如图 3-2(b)不同 z 轴位置的 xy 平面扫描示意图所示,属性是指多种不同物质的光学检测属性,包括矿物的反射光属性和有机质的荧光属性。在储层微观孔隙图像中,不同物质在图像中对应不同的波长范围。为了在最终的图像中正确地展示出岩石、重质原油和轻质原油等多种物质分布,需要找出不同物质与光学特征对应关系。

3.3.1　岩石矿物表面的光谱特征

我们用波长为 488 nm 的可见光对样品进行扫描,由于岩石表面对激发光具有反射作用,所以反射光的波长也是 488 nm(图 3-4),选择一个通道单独接收 488 nm 波长的反射光信号,利用激光的强穿透性对样品逐层扫描并进行连续光学切片。采用直接体绘制方法重建岩石颗粒和孔隙结构特征的形貌(图 3-5 和图 3-6)。截取的 8 幅代表图片为孔隙结构特征和岩石形貌的三维光学切片序列图像,层间厚度为 2.96 μm,共扫描 16 层,样品厚度为 47.36 μm。

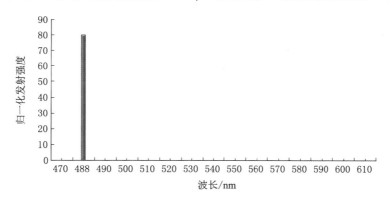

图 3-4　488 nm 波长激发时的反射光光谱

3.3.2　岩石孔隙中原油的光谱特征

原油是包含有多种荧光物质的混合物,用 488 nm 的激光激发样品,原油在 500 nm 到 750 nm 的一个大的范围都有荧光信号产生(图 3-7),所以选择一个通道单独接收荧光信号,利用激光的强穿透性对样品逐层扫描并进行连续光学切片。采用直接体绘制方法重建岩石颗粒和孔隙结构特征的形貌(图 3-8 和图 3-9)。截取的 8 幅代表图片为岩石孔隙中原油形貌的三维光学切片序列图像,层间厚度仍为 2.96 μm,共扫描 16 层,样品厚度仍为 47.36 μm。

普通荧光显微镜与激光共聚焦扫描显微镜图像效果对比如图 3-10 所示,图 3-10(a)为

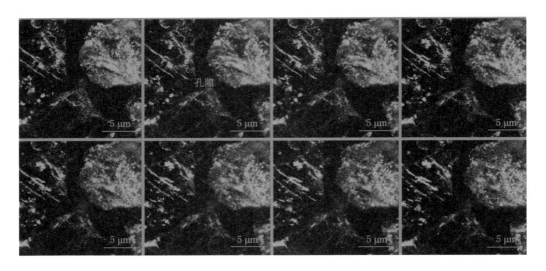

图 3-5　单独接收反射光通道的岩石颗粒的三维光学切片图像序列（激光共聚焦图像）

图 3-6　三维重建后的岩石颗粒和孔隙结构特征

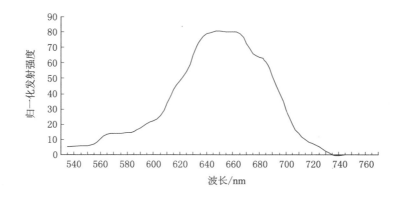

图 3-7　488 nm 波长激发时原油的荧光光谱曲线

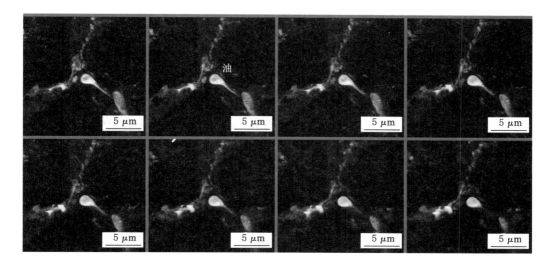

图 3-8　单独接收荧光通道的原油三维光学切片图像序列（激光共聚焦图像）

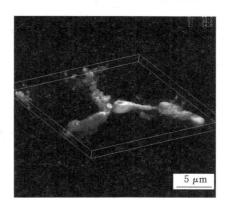

图 3-9　三维重建后的岩石孔隙中原油的形态特征

普通荧光显微镜照片，图 3-10（b）为原油与岩石的三维扫描重建正视图像。图 3-11 为激光共聚焦扫描序列图像三维重建后的岩石孔隙结构与原油的三维立体图像，其中图 3-11（a）为岩石孔隙结构三维重建侧视图像，图 3-11（b）为原油三维重建侧视图像，图 3-11（c）为原油与岩石的三维重建侧视图像。

3.3.3　岩石孔隙中原油不同组分的光谱特征

原油的成分主要有：油质（这是其主要成分）、胶质（一种黏性的半固体物质）、沥青质（暗褐色或黑色脆性固体物质）、碳质（一种非碳氢化合物）[73]。在烃类中，单环、双环及稠环芳烃是原油的重要组分，且具有荧光和紫外特性，这些烃类因组分和黏度不同在激光共聚焦扫描图像上的表现可以完全不一样，而且十分清晰，因此，通过激光共聚焦扫描激发荧光的方法来观察原油不同有机组分的位置和形态，可以研究注水过程中驱油剂的驱油效果，这是一种新方法，并且非常有效，在油田开发方面具有重要意义。我们对大庆探区注水开发储层的水淹层样品进行了分析。

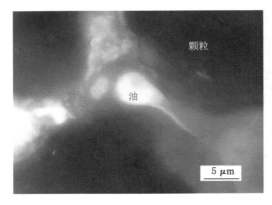

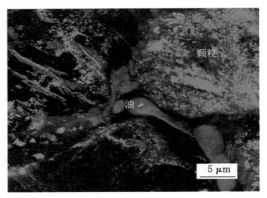

（a）普通荧光显微镜照片 　　　　　　　（b）原油与岩石的三维扫描重建正视图像

图 3-10　效果对比图

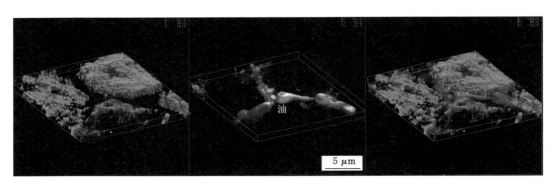

（a）岩石孔隙结构三维重建侧视图像　　　（b）原油三维重建侧视图像　　　（c）原油与岩石的三维重建侧视图像

图 3-11　激光共聚焦扫描序列图像三维重建后的岩石孔隙结构与原油的三维立体图像

通过激光共聚焦显微镜,采用 488 nm 波长的激光分别对饱和烃、非烃、沥青、芳烃样品进行扫描,生成相应的特征线。图 3-12（a）为芳烃激光扫描曲线、图 3-12（b）为沥青激光扫描曲线、图 3-12（c）为饱和烃激光扫描曲线、图 3-12（d）为非烃激光扫描曲线。

原油的重质组分——胶质沥青质的相界面有表面活性,可吸附在岩石表面,使岩石憎水和形成具有较高黏度和抗剪切弹性的界面层,这样一来,就会有很大一部分原油以膜状残留在地层中,降低原油的采收率。另外,开采高含胶质沥青质和石蜡的高黏重油时,其中的胶质沥青质和石蜡也易于被孔隙中的黏土矿物吸附并随之一起运移,从而沉积在地层的近井地带,大幅度降低地层的渗透率,造成地层堵塞。

图 3-13 是含油薄片原油不同组分激光共聚焦扫描图像。图 3-13（a）为含油薄片激光共聚焦扫描图像,其中绿色部分 G 代表饱和烃类,为液态低链组分,吸附于矿物颗粒表面或孔隙壁上,其相应扫描曲线为图 3-12（c）;蓝色圆点部分 U 为非烃类有机质组分,其相应扫描曲线为图 3-12（d）;I 为复合烃类组分,其中包括了沥青、芳烃和非烃类有机质。图 3-12（a）和图 3-12（b）是其中芳烃类和沥青质的激光扫描曲线。蓝色圆点部分 U 是从复合烃类中析

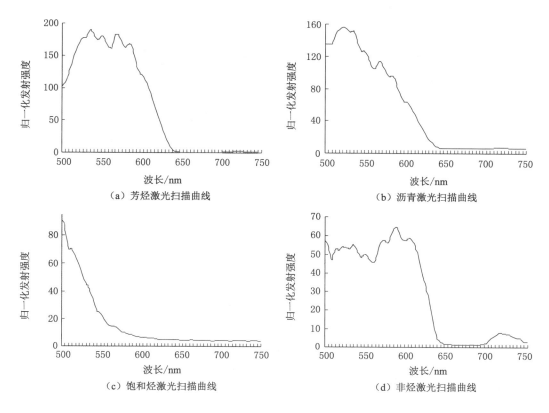

（a）芳烃激光扫描曲线　　（b）沥青激光扫描曲线

（c）饱和烃激光扫描曲线　　（d）非烃激光扫描曲线

图 3-12　原油不同组分的光谱特征

离出来的,呈残留状存在于自由孔隙中(黑色部分),这是经水流冲刷的水动力综合作用的结果。从图 3-13(c)的三维重构图像中可以更清晰地看出上述特征,这些研究结果将驱油效果和特征反映得十分清楚,为持续注水开发的综合规划提供了有效直观的技术手段。

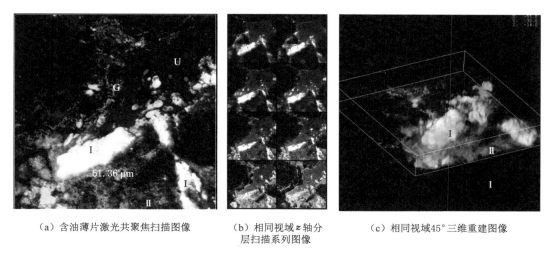

（a）含油薄片激光共聚焦扫描图像　　（b）相同视域 z 轴分　　（c）相同视域45°三维重建图像
　　　　　　　　　　　　　　　　　　　　层扫描系列图像

图 3-13　含油薄片原油不同组分激光共聚焦扫描图像

3.3.4 岩石孔隙中原油轻重组分的光谱特征

传统的试验观察结果显示,液态烃的荧光颜色可反映有机质演化程度,即随着有机质从低成熟度向高成熟度演化,其荧光颜色由火红色→黄色→橙色→蓝色→蓝白色(蓝移);Goldstein也认为随着油质由重变轻,油包裹体的荧光颜色由褐色→橘黄色→浅黄色→蓝色→蓝白色。

随着小分子成分含量增加,成熟度增大,其荧光会发生明显蓝移,光谱主峰波长减小,反之,光谱主峰波长增大。应用激光共聚焦显微镜,采用488 nm固定波长的激光激发样品,原油中轻质组分产生490～600 nm波长范围的荧光信号,重质组分产生600～800 nm波长范围的荧光信号。一般我们接收轻质组分信号时尽量选择靠近激发波长(图3-14),接收重质组分信号时尽量选择远离激发波长(图3-15)。

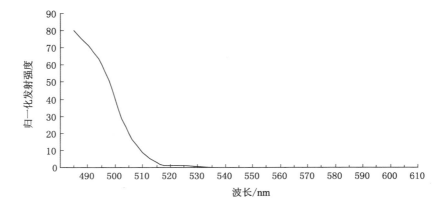

图 3-14　原油轻质组分的荧光光谱曲线

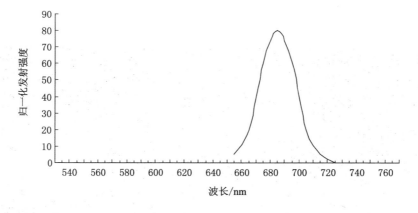

图 3-15　原油重质组分的荧光光谱曲线

选金57井1 929.03 m黑色泥岩作为检测样品,采用488 nm波长激光激发样品,随着接收波长变化,接收的图像形态也发生变化。在接近激发波长附近490～500 nm范围时,有机质分布(如图3-16中黄色部分)为轻质组分的形态。在接近激发波长附近650～700 nm范围时,有机质分布(如图3-17中紫色部分)为重质组分的形态。

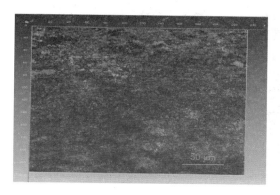

黄色部分为轻质组分

红色部分为重质组分

图 3-16　泥岩中轻质组分分布图　　　图 3-17　泥岩中重质组分分布图

3.4　LCSM 图像的三维重建结果

3.4.1　含油薄片单孔隙和剩余油三维重建结果

样品制成薄片,薄片厚度为 0.1 mm,采用 488 nm 波长激光激发,扫描 32 层,用黄色表示原油的形貌特征,用灰色表示矿物的形貌特征。图 3-18 为孔隙和原油三维光学切片图像序列,图 3-19 是用体绘制方法重建的孔隙和原油三维重建图像。样品制成薄片优点在于可以局部研究孔隙结构同时观察孔隙中原油的赋存状态。

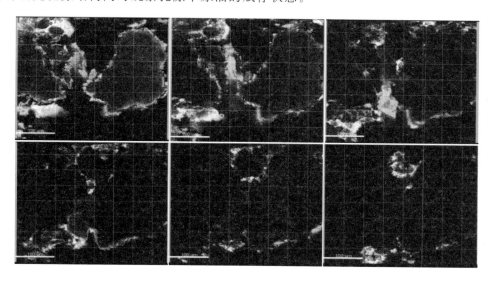

图 3-18　孔隙和原油三维光学切片图像序列

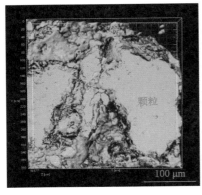

（a）三维重建正视图　　　　　　　　（b）三维重建侧视图

图 3-19　孔隙和原油三维重建图像

3.4.2　大块岩心和剩余油三维重建结果

样品不用制片，直接取岩心上 2 cm 的一小块样品，放在激光共聚焦显微镜下进行扫描，激光穿透样品的厚度依赖于样品的透光性和激光强度。这种制样的优点在于检测快速，可以宏观观察原油和岩石表面的接触关系，并且可以量化含油饱和度。结合扫描电镜和铸体图像同时研究，可以更直观地观察孔隙特征和原油的分布特征。采用 488 nm 波长激光激发，扫描 80 层，扫描厚度 400 μm。用体绘制方法进行三维重建。图 3-20 为电镜、铸体、共聚焦联合检测图像，其中图 3-20(a) 为同一块样品扫描电镜矿物特征照片，图 3-20(b) 为同一块样品铸体薄片孔喉特征照片，图 3-20(c) 孔隙和原油三维重建图像侧视图，图 3-20(d) 原油三维重建图像侧视图。

3.4.3　泥岩和有机质三维重建结果

大量的地质、地球化学证据和试验室的模拟试验已证实碳酸盐岩中的有机质与泥质岩中的有机质一样可以生成油气[74]，松辽盆地是目前我国发现的含油最丰富的大型陆相盆地，在青山口组一段和嫩江组一、二段两套大面积发育的深湖相暗色泥岩，成为盆地最重要的烃源岩。油页岩中主要发育沟鞭藻、绿藻和黄藻。研究藻类在烃源岩中的三维空间分布状态和有机质的排烃过程有重要意义。

将标本制成 0.05 mm 左右厚度的薄片在显微镜下观察，在荧光系统镜下用适当倍数观察，调整好荧光光源通道，观察标本是否有荧光出现，在镜下选择所需的满意的个体图像后，再切换到激光共聚焦下进行扫描或系列扫描。采用 488 nm 固定波长的激光激发烃源岩样品，原油中轻质组分产生 510～600 nm 波长范围的荧光信号，重质组分产生 600～800 nm 波长范围的荧光信号，而岩石会反射 488 nm 光信号；通过激光扫描共聚焦显微镜对烃源岩样品进行激光三维扫描，把产生的荧光信号按照不同波长范围分别进行采集，利用计算机对荧光信号进行图像三维重建。通过观察重建的三维图像对烃源岩有机质分布状态进行判别，可以明晰有机质的三维形态、原油轻质组分与重质组分的赋存状态，从而实现对烃源岩样品的无损检测分析。

（a）扫描电镜矿物特征照片　　　　　　　（b）铸体薄片孔喉特征照片

（c）孔隙和原油三维重建图像侧视图　　　　（d）原油三维重建图像侧视图

图 3-20　电镜、铸体、共聚焦联合检测图像

　　与有机碳含量的分布不同,纯碳酸盐岩中的残留烃最多,而缝合线缝隙物和泥质条带中的残留烃量相对较少。笔者选择松辽盆地青一段烃源岩样品,有机质属于Ⅰ型,有机质丰度高(2.77%),生烃潜量为 20.65 mg/g。源岩已经成熟,并开始排烃;从岩心观察的结果看,泥岩中含有大量的油类物质。方解石脉和泥质条带有机质荧光特性分析表明,在松辽盆地青一段烃源岩中不同的组成部分之间有机质的分布是不均匀的,其中方解石脉和泥质条带中的有机质荧光范围分别为 510~600 nm 和 600~800 nm,这说明方解石脉和泥质条带中的有机质分别是轻质组分和重质组分,方解石脉和泥质条带发生了明显的排烃作用。因此可以认为方解石脉和泥质条带是松辽盆地青一段地层烃源的主要贡献者。

　　以前只能采用油水两相渗流排液理论研究烃源岩排烃过程,只能在二维平面上研究烃源岩中有机质的分布。现在,通过激光共聚焦三维重构技术,可以从三维空间上研究烃源岩中有机质的网络结构及有机质与矿物骨架的接触关系,区分出烃源岩中的矿物骨架以及轻质有机质与重质有机质(不同的吸收波长可反映在颜色的变化上,绿、红、黄分别表示矿物骨架、重质有机质、轻质有机质)。

　　在图 3-21 中,图 3-21(a)为含方解石脉的泥岩普通荧光图片。图 3-21(b)为相同视域的激光共聚焦图像,其中 b1 是反射光图像,反映方解石脉的形态,b2 为相同视域轻质组分的分布状态,波长范围为 510～600 nm,b3 为相同视域重质组分的分布状态,波长范围在600～800 nm 之间,b4 为 b1、b2、b3 的合成图像。图 3-21(c)和图 3-21(d)为相同视域排烃的三维重建图像,包括轻质组分与重质组分(不同的吸收波长可反映在颜色的变化上,绿、红、黄分别表示矿物骨架、重质有机质、轻质有机质),黄色箭头指示排烃的方向。

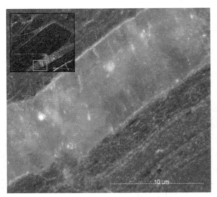

(a) 含方解石脉的泥岩普通荧光图片

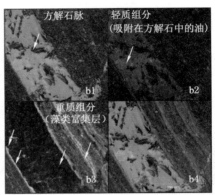

(b) 相同视域的激光共聚焦图像

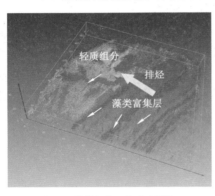

(c) 相同视域排烃的三维重建图像(一)

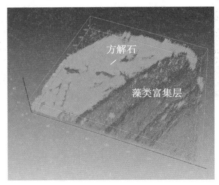

(d) 相同视域排烃的三维重建图像(二)

图 3-21　烃源岩有机质微观分布三维图像

　　通过激光共聚焦三维重建,区分出烃源岩中的矿物骨架和有机质富集层或干酪根骨架(图 3-22 和图 3-23)以及轻质有机质与重质有机质(不同的吸收波长可反映在颜色的变化上,绿、红、黄分别表示矿物骨架、重质有机质、轻质有机质)。研究烃源岩中的有机质(干酪根)网络与生成的油及矿物骨架的接触关系,可为烃源岩生、排烃机理的研究提供更加直接的微观证据。

　　与电子探针技术相结合,可以研究泥岩中元素分布与有机质分布的关系。通过偏光显微镜发现在泥板化泥岩中发生了部分重结晶(图 3-24),粒径小于 10 μm 以方解石为核心的泥质团块均匀分布在泥岩中。通过激光共聚焦与电子探针元素面扫描技术,发现重质有机质与碳酸镁和碳酸钙结合分布在方解石核心泥质团块中,轻质有机质在团块和胶结物中均有分布(图 3-25 和图 3-26)。

（a）轻质（黄色）与重质（褐色）组分合成图像

（b）重质组分（红色）

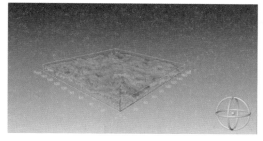

（c）泥岩（绿色）与轻重组分的合成图像

（d）轻质组分

图 3-22　藻类富集层有机质分布

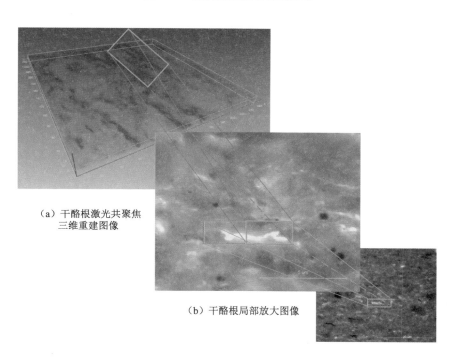

（a）干酪根激光共聚焦
三维重建图像

（b）干酪根局部放大图像

图 3-23　激光共聚焦三维重建和重质组分的提取及 3D 成像

图 3-24　板岩化泥岩反射偏光照片

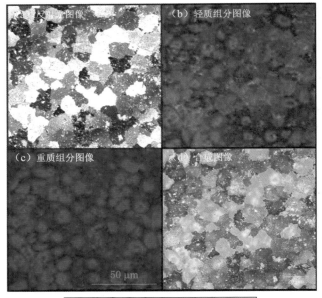

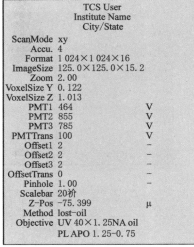

图 3-25　板岩化泥岩轻、重有机质分布激光共聚焦图像

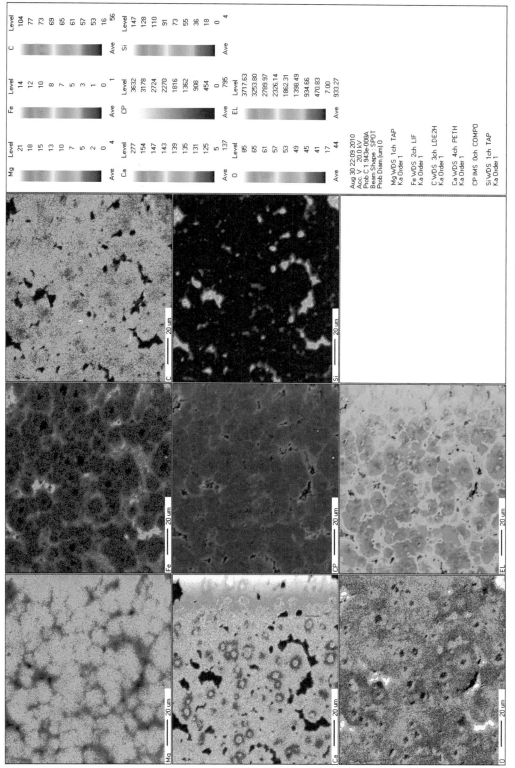

图3-26　板岩化泥岩元素分布电子探针面扫描分析

由此可见,有机质与黏土矿物结合并不完全是简单的表面吸附,部分有机质进入黏土矿物的层间,形成非常稳定的有机质黏土复合体[75]。在泥岩中,不同类型的泥岩有机质的赋存规律是不同的。

3.4.4 三元复合驱后孔隙中乳化原油三维重建结果

随着三元复合驱在现场试验的展开,发现产出液出现原油乳化问题[76]。出现乳化现象前后,油井的压力、含水和产液量等参数各不相同。其中乳状液类型与乳状液黏度、平均粒径与乳状液黏度有很好的对应关系,乳状液平均粒径越小,粒径分布越集中,则黏度越高,稳定时间越长[77]。这说明三元复合驱形成的乳状液对微观剩余油分布有一定的影响。

乳化对驱油最主要的贡献是乳化携带作用。乳化携带是指具有超低界面张力的三元复合体系通过降低界面张力使毛细管力、内聚力、黏滞力大大降低,从而使剥蚀下来的油形成O/W型乳状液而易于流动,进而通过聚并形成油墙[78]。

乳化产生剩余油的原因主要是驱替过程中产生高黏乳状液,并对这些孔隙产生一定的封堵作用,从而进一步影响相邻孔隙原油的流动。

为研究这种现象,本书建立了"乳化原油乳状液激光共聚焦分析方法"(发明专利号ZL200910119119.X)。激光共聚焦采用激光作为光源,可以对乳化原油进行无损伤检测分析。根据最新的激光共聚焦技术结合乳化原油分析的技术发展现状和实际需求,制定了分析范围、分析方法、技术参数和计量标准。

利用固定波长的激光激发原油,不同的原油组分发射特定波长范围的荧光信号,而水不发射荧光信号的原理,通过激光扫描共聚焦显微镜对乳化原油样品进行激光三维扫描,产生的荧光信号按照不同波长范围分别进行采集,利用计算机对荧光信号进行图像重建。通过观察重建的荧光图像对乳化原油的乳化类型进行判别,对乳状液粒径的分布特征进行测量统计,以此结果表征乳化原油的乳化类型和稳定性特征,从而实现对乳化原油样品的无损检测分析。

通过激光共聚焦图像形态(如图3-27和图3-28所示),可判别乳化油类型,包括油包水型(W/O)、水包油型(O/W)、油包水包油型(O/W/O)。在图3-27和图3-28中,图(a)所示是水的荧光特征,图(b)所示是有原油的荧光特征,图(c)所示是油的不同显示方式,图(d)所示是油和水的合成图像。

由图3-29可以看出,聚合物溶液、醇溶液和表面活性剂溶液与原油形成的乳状液微观结构比较类似,都没有多重乳化现象发生。蒸馏水和盐溶液与原油形成的乳状液微观结构比较类似,有轻微的多重乳化现象发生,形成的多重乳状液呈致密的环形嵌套结构。碱溶液与原油形成乳状液有严重的多重乳化现象发生,乳状液呈宽松环形嵌套结构。

由图3-30可以看出岩心孔隙中水包油型O/W乳状液微观结构:

① 可观察到连续相原油转变成的水包油型O/W乳状液;

② 可观察到孔隙中水包油型O/W乳状液;

③ 可观察到吸附在孔隙表面的水包油型O/W乳状液。

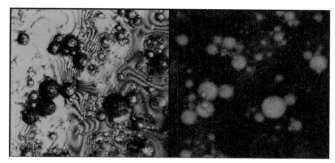

（a）绿色部分代表水，暗色区域是油　　　（b）红色代表油，黑色区域是水

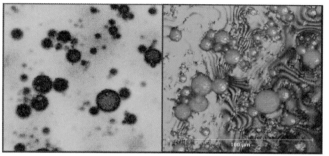

（c）蓝色是水，红的是油　　　　　　　（d）绿色是水，红色是油

图 3-27　水包油型乳状液（O/W）的激光共聚焦图像

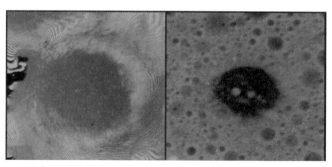

（a）绿色部分代表水，暗色区域是油　　　（b）红色代表油，黑色区域是水

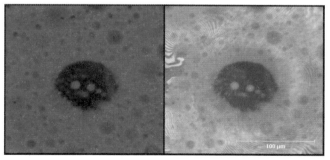

（c）蓝色是油，暗色的是水　　　　　　　（d）绿色是水，红色是油

图 3-28　油包水包油型乳状液（O/W/O）的激光共聚焦图像

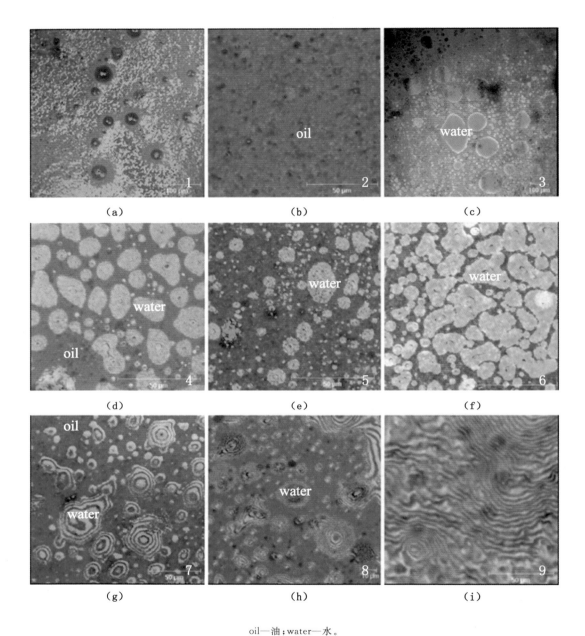

oil—油；water—水。

图 3-29　单项溶液与原油形成 W/O 乳状液微观结构的激光共聚焦图像

由图 3-31 可以看出，水、盐溶液、碱溶液、表面活性剂溶液、聚合物溶液和醇溶液与原油形成的乳状液黏度随着含水率的上升而上升，到达转型点时乳状液黏度达到最大值，之后随着含水率的继续上升，黏度急剧下降。而乳状液平均粒径的变化趋势与之正好相反，乳状液的平均粒径先是随着含水率的上升而下降，到达转型点后乳状液平均粒径达到极小值，之后随着含水率的继续上升，平均粒径急剧上升，见图 3-32。

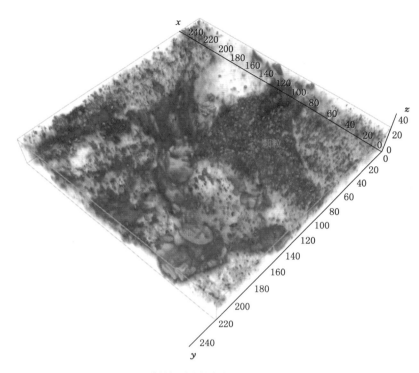

（a）连续相原油转变为O/W乳状液的过程

（b）绿色部分是岩石，黄色部分是
孔隙内呈油珠状乳化的原油

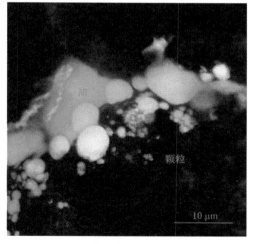

（c）白色部分为吸附在孔隙表面
的水包油型乳状液

图 3-30　岩心孔隙中 O/W 乳状液微观结构的激光共聚焦图像

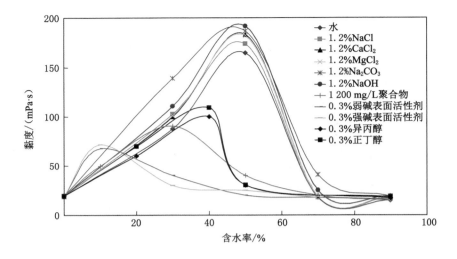

图 3-31　含水率对乳状液黏度的影响

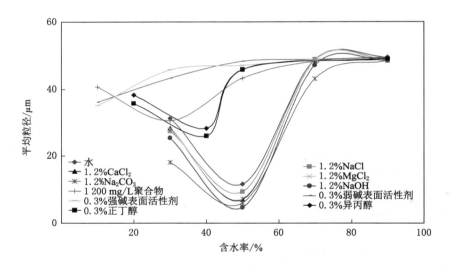

图 3-32　含水率对乳状液平均粒径的影响

3.5　基于激光共聚焦观察的真实岩心原油驱替模型研制

　　储层孔隙结构特征是影响储层渗流特征的重要因素，也是影响注水开发油田采收率的重要内因。为了研究储层孔隙结构对注水开发效果的影响，过去一直采用微观水驱油试验，通过光学显微镜观察真实砂岩微观模型或光刻玻璃模型来评价，其优点是透光度好，可以清楚地观察到孔喉中各种流体的分布及流体之间的界面，但是为了保持透光性，必须把样品磨薄，所以不能保持真实的岩石润湿性、真实储层孔隙网络结构、真实的地层压力，使研究受到了限制。

为此,本书开发了"真实岩心实时观察驱油模型"(申报专利号 200810174237.6),建立了"一种实时观察真实岩心驱油过程的方法"(申报专利号 200810174238.0),通过一种新的观察手段,在保持真实的岩石润湿性、储层孔隙网络结构、地层压力的前提下,来研究储层微观特征对开发的影响。

3.5.1　模型结构

整个模型分六个主要部分(图 3-33),分别是:① 底座;② 样品舱;③ 观察玻璃窗口;④ 密封顶盖;⑤ 岩心样品;⑥ 光学薄膜。其中,观察玻璃窗口采用特种强化玻璃材质加工,表面镀增透膜。底座、样品舱、密封顶盖采用不锈钢材质加工,光学薄膜表面需要特殊处理。

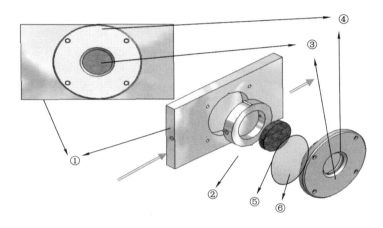

①—底座;②—样品舱;③—观察玻璃窗口;
④—密封顶盖;⑤—岩心样品;⑥—光学薄膜。
图 3-33　观察驱油模型结构图(自主设计)

3.5.2　模型组装及岩心样品密封过程

如图 3-34 所示,首先按照略小于样品舱⑤的内壁尺寸,把洗完油的岩石样品⑥加工好,岩石样品⑥的厚度要求略小于样品舱⑤的厚度,把岩石样品⑥用有机玻璃固定在样品舱⑤内,然后把高出样品舱⑤的岩石样品⑥磨平,然后抛光。

把样品舱⑤装入图 3-33 所示底座①,在抛光的样品表面覆图 3-34 所示光学薄膜⑧,光学薄膜⑧边缘与样品舱⑤接触部位采用特殊密封胶处理。

样品舱入口密封:采用金属密封的方式,把金属管①插入样品舱入口④,将密封金属环③直接顶到样品舱入口④处,用密封固定螺栓②拧紧密封。出口处采用同样的方法。

图 3-33 所示密封顶盖④的密封:图 3-33 所示观察玻璃窗口③与密封顶盖④之间的密封采用密封胶粘和,密封顶盖④与样品舱之间的密封采用螺栓加固的方式(图 3-35)。

3.5.3　实时原油驱替过程观察

在用本方法进行观察时,分为以下几个步骤:
(1) 首先,要把可放入真实岩心的可实时观察的驱油模型装好,并且各部分密封好,开

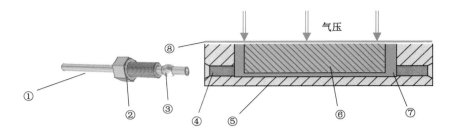

①—金属管；②—密封固定螺栓；③—密封金属环；④—样品舱入口；
⑤—样品舱；⑥—岩心样品；⑦—密封有机玻璃；⑧—光学薄膜。

图 3-34　样品密封示意图（自主设计）

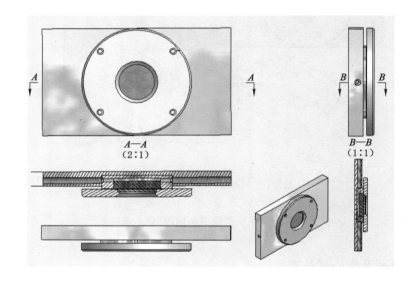

图 3-35　俯视图和剖切图（自主设计）

始试验。

（2）其次，采用激光共聚焦扫描显微镜对真实岩心模型的驱替过程进行实时观察：将模型放在载物台上，将激光共聚焦扫描显微镜的镜头调整到观察玻璃窗口的上方，用长焦距物镜，选择合适倍数物镜观察。

（3）最后，通过荧光探针标定方法可以把原油、水、聚合物等物质分开。

① 针对样品中岩石矿物观察，选择 488 nm 波长的激光作为激发光源，选择 488 nm 波长作为接收波长，进行观察，用绿色显示。

② 针对样品中原油的轻质组分的观察，选择 488 nm 波长的激光作为激发光源，选择 510～600 nm 波长作为接收波长，进行观察，用红色显示。

③ 针对样品中原油的重质组分的观察，选择 488 nm 波长的激光作为激发光源，选择 600～800 nm 波长作为接收波长，进行观察，用蓝色显示。

④ 水在注入之前用荧光黄染色,选择 512 nm 波长的激光作为激发光源,选择 550～600 nm 波长作为接收波长,进行观察,用蓝色显示。

⑤ 聚合物注入之前用荧光兰染色,选择 613 nm 波长的激光作为激发光源,选择 650～800 nm 波长作为接收波长,进行观察,用红色显示。

利用实时观察真实岩心原油驱替过程的方法,不仅可实时观察原油驱替过程,分析孔隙中残余油在孔喉中的分布情况,也可对样品进行敏感性处理,原位观察样品的反应情况。

第4章 数字化孔隙网络模型构建及聚驱驱油过程模拟

本书第1~3章主要从冷冻制片、荧光显微镜剩余油分析、激光共聚焦乳化油和剩余油分析配套技术方面分析了储层微观剩余油。从本章开始介绍数字化孔道的聚驱后微观剩余油的定量描述,此种方法的优势在于考虑孔隙喉道空间的非等径特性,建立符合实际岩心孔隙结构的非对称波纹管状孔隙通道;考虑三角形、正方形和圆形孔道截面,利用自适应孔隙度原则,建立数字化孔隙网络模型,并实现三维可视化。根据生成的孔隙网络模型计算渗透率,并将其与真实岩心试验测得的渗透率数据进行对比,从而可验证建立数字化孔隙模型方法的合理性与正确性。

孔隙是指岩石骨架颗粒间未被固体物质占据的较大的储集空间,孔隙间较窄的连通空间被称为喉道,孔隙结构参数是指能够表征这些孔隙特征的参数。因此本章主要研究的是油、气在孔隙和喉道中储存及流动时,构建数字化岩心过程中孔喉大小分布、配位数、喉道形状及孔喉比这四个孔隙结构参数影响问题。

4.1 数字化孔道网络模型的构建

地壳经长期各种条件作用下形成的岩石都是存在孔隙的,不同年代形成的岩石孔隙大小不同、形状也不同[79-84]。

本书构建孔隙网络模型的基础数据主要来源于压汞试验,通过常规压汞及恒速压汞可获得孔喉的大小分布。恒速压汞是以非常低的恒定的速度将汞注入储层岩石中,并且近似认为这个过程是准静态的,由于岩石的空间大小不同,汞在流动过程中所受的毛细管力也不相同,当汞由大孔隙流向小喉道时,毛细管力逐渐增加,突破以后,压力突然变小,由这个峰值便可测得喉道的大小分布。表4-1给出了大庆油田某油层5块岩心的孔喉结构参数数据。

表 4-1 大庆油田某油层 5 块岩心的孔喉结构参数数据

模型参数	岩心编号				
	1#	2#	3#	4#	5#
孔隙度/%	25.1	24.6	24.1	26.3	27.6
水测渗透率/($\times 10^{-3}$ μm^2)	370	39	430	568	623
喉道长度/μm	21~187	3~65	8~155	15~167	16~168
喉道半径/μm	1~20	1~16	1~18	1~22	1~25

表 4-1(续)

模型参数	岩心编号				
	1#	2#	3#	4#	5#
平均配位数	4.2	4.3	4.6	4.1	4.2
平均孔喉比	5.4	5.1	4.7	4.3	4.2
形状因子	0.057	0.054	0.064	0.076	0.062

4.1.1　孔隙分布特性

　　分析孔隙喉道常用的分布函数主要包括正态分布、威布尔分布等。当模拟储层中的渗流规律时,可以依据该储层真实岩样的压汞曲线资料确定模型孔隙以及喉道的尺寸分布曲线形态[85-87]。

　　对于储层岩石来说,影响孔隙的储集性和渗透性的宏观因素主要是孔隙度和渗透率。微观因素主要是孔隙的大小及分布频率,作为构建孔隙模型的基本参数,其大小、形状以及发育程度都存在着一定的差异,因此,这增大了获取其相关数据的难度。本书通过压汞试验得到的毛细管力峰值,给出了喉道半径的分布频率。表 4-2 与图 4-1 给出了岩心 1# 与岩心 4# 的喉道分布频率。

表 4-2　喉道半径分布频率

喉道半径/μm	2	4	6	8	10	12	14	16	18	20	22
1# 分布频率	0.002	0.005	0.071	0.279	0.409	0.17	0.047	0.01	0.004	0.002	0.001
4# 分布频率	0.001	0.010	0.031	0.092	0.153	0.305	0.194	0.112	0.062	0.030	0.010

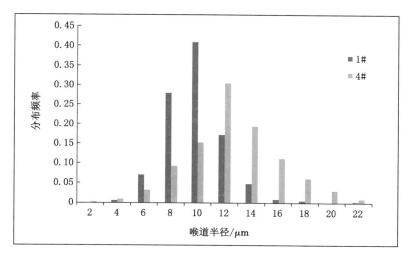

图 4-1　喉道半径分布频率图

4.1.2 孔喉空间的几何特性

描述孔隙网络空间的参数主要有平均孔隙半径、平均喉道半径、配位数、孔喉比、形状因子、孔喉半径分布频率及其他参数[88-91]。

① 配位数：与每个孔隙相连通的喉道个数。利用 CT 扫描岩心，经图像处理，确定其配位数。

② 孔喉比：多孔介质中孔隙空间较宽的部分命名为孔隙，相对较窄的部分为喉道，孔隙半径与喉道半径之比定义为孔喉比。所建模型的喉道半径采用随机法赋值。孔隙半径与喉道半径之间存在着一定的关系，公式如下：

$$r_p = \sum_{i=1}^{n} r_{ti}/n \times \alpha \tag{4-1}$$

式中　r_p——孔隙半径；

　　　r_t——喉道半径；

　　　α——平均孔喉比，通常 $\alpha > 1$。

该公式为所建模型中的孔隙和喉道的赋值提供了依据，即所赋值的孔隙半径不能小于与之相连通的喉道半径。

③ 形状因子：几何体体积与表面积乘幂的无量纲化比例。真实孔隙空间形状千差万别极为复杂，无法在有限的计算机运行空间与存储空间中精确表示，因此可采用不同的规则几何形状及其排列组合来近似描述。本研究采用的规则几何形状有圆形、正方形和三角形，利用其不同组合模拟孔隙网络模型中孔隙空间和喉道空间的不同截面形状；在包含正方形成分和三角形成分的孔隙空间和喉道空间中允许同时存在水油两相，以模拟流体在角隅空间中的流动状况，引入形状因子 G：

$$G = \frac{VL}{A_s^2} \tag{4-2}$$

式中　A_s——孔隙和喉道体积单元的表面积；

　　　V——体积单元体积；

　　　L——体积单元长度。

目前所建的孔隙网络模型中的喉道大多用等径圆柱体表征；本书所建模型的喉道半径呈非对称正弦变化，如图 4-2 所示。

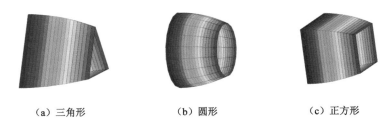

（a）三角形　　　　　　（b）圆形　　　　　　（c）正方形

图 4-2　非对称喉道变化示意图

使用图 4-3 所示的规则几何形状，则式（4-2）可简化为：

$$G = \frac{A}{P^2} \qquad (4\text{-}3)$$

式中　A——孔隙与喉道截面积；

　　　P——孔隙与喉道截面周长。

当截面形状为正三角形时，$G=0.048\,1$；当截面形状为正方形时，$G=0.062\,5$；当截面形状为圆形时，$G=0.079\,6$。

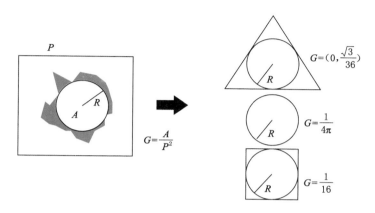

图 4-3　孔隙网络模型中孔喉空间截面形状因子

与每个孔隙相连通的所有喉道在孔隙的中心相遇，且孔隙和与之相连通的喉道之间的内切半径计算如下：

$$r = \left(\frac{R_{\mathrm p} + R_{\mathrm t}}{2}\right) - \left(\frac{R_{\mathrm p} - R_{\mathrm t}}{2}\right)\cos\left(\frac{2\pi x}{l_{\mathrm p} + l_{\mathrm t}}\right) \qquad (4\text{-}4)$$

式中　$R_{\mathrm p}$——孔隙半径；

　　　$R_{\mathrm t}$——喉道半径；

　　　x——喉道某处的位置；

　　　$l_{\mathrm p}$，$l_{\mathrm t}$——孔隙长度和喉道长度[92]。

4.1.3　孔隙网络模型空间参数

网络模型由孔隙数据体和喉道数据体组成，孔隙数据体代表孔隙空间，喉道数据体代表喉道空间[93]。

为了更准确地表征多孔介质的不规则性，本模型节点之间距离并非固定，而是以一定的偏移量呈现随机性。设 d_x 为相邻两个节点沿 x 方向的距离，依据威布尔函数所计算的偏移量，令节点于中轴线两侧沿 y 轴方向随机偏移，相邻节点联动产生沿 x 方向的偏移，偏移量由式（4-5）计算获得。当偏移量 Δy 的值为正，节点间沿 y 轴正方向偏移；偏移量的值为负，节点沿 y 轴负方向偏移。孔喉连接简化示意图如图 4-4 所示。

$$d_x = (d_{\max} - d_{\min}) \times \left[-\alpha\ln\left(z(1-\mathrm e^{\frac{-1}{\alpha}}) + \mathrm e^{\frac{-1}{\alpha}}\right)\frac{1}{\beta}\right] + d_{\min} \qquad (4\text{-}5)$$

$$\Delta y = (\Delta y_{\max} - \Delta y_{\min}) \times \left[-\alpha\ln\left(z(1-\mathrm e^{\frac{-1}{\alpha}}) + \mathrm e^{\frac{-1}{\alpha}}\right)\frac{1}{\beta}\right] + \Delta y_{\min} \qquad (4\text{-}6)$$

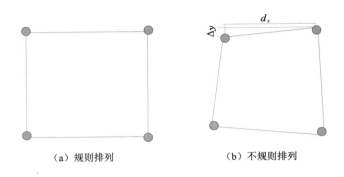

（a）规则排列　　　　　　（b）不规则排列

图 4-4　孔喉连接简化示意图

式中　d_x——两节点沿 x 方向位移，μm；

d_{max}，d_{min}——沿 x 方向的节点最大、最小垂直距离，μm；

Δy——节点沿 y 方向的偏移量，μm；

α，β——分布特征参数，无量纲，本书设定 $\alpha=0.8$，$\beta=1.6$；

z——处于 $[0,1]$ 区间的随机数。

4.1.4　孔道网络模型构建及可视化

构建孔隙网络模型的步骤如下：

① 准备基础数据；

② 选立节点的物理坐标；

③ 根据输入参数确定其他参数；

④ 完成孔道网络模型的构建；

⑤ 利用 3Dmax 软件实现孔隙网络模型的可视化。

在构建数字化模型时，选择合适的节点参数十分重要，过少则会降低模拟过程的准确性，过多则会使得模型的时间复杂度和空间复杂度呈幂律增加。

经过反复试错，结合笔者的试验条件，最终选择了 $8\times8\times8=512$ 个节点数。考虑孔隙喉道空间的非等径特性，建立了符合实际岩心孔隙结构的非对称波纹管状孔道的数字化三维网络模型，通过 3Dmax 软件对所构建的数字化孔隙模型进行可视化，并且利用程序将孔隙网络模型中节点数、各个孔隙与喉道的物理坐标、孔喉直径和长度等参数转换输出为 3Dmax 软件所识别的脚本格式文本管道输入并执行，如图 4-5 所示，最终实现数字化孔隙模型的可视化[94-95]。

在立体空间中，非对称波纹管状孔道互相交错连接，三个坐标轴咬合交错，会给后续剩余油分析工作带来难度，考虑孔隙喉道非等径特性，在二维平面上，随机旋转 $0°\sim120°$，通过调整角度使二维平面孔喉尽量互相连接，从而能够进一步分析剩余油形态，并进行剩余油形态识别。

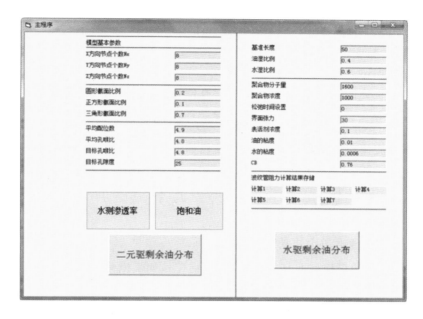

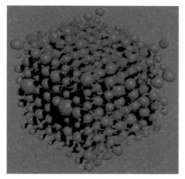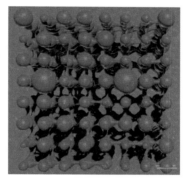

图 4-5　数字化孔道网络模型

4.2　孔道网络模型的渗流特征

4.2.1　孔隙网络模型的渗透性

多孔介质中的大多数孔隙之间都是互相连通的，在压差的作用下，流体的流动性称为渗透性，渗透性用来表征储层渗透能力的大小，其渗透率用达西公式计算：

$$Q = K \frac{A \Delta p}{\mu L} \tag{4-7}$$

式中　K——渗透率，m^2；

Q——流量，m³/s；

A——渗流面积，m²；

Δp——压差，Pa；

μ——流体黏度，Pa·s；

L——长度，m。

假设流体从 x 方向注入孔隙模型，数字化孔隙模型渗透率按如下公式计算：

$$k = \frac{Q \times \mu \times D_x}{D_y \times D_z \times \Delta p} \tag{4-8}$$

当只有单相流体充满孔隙和喉道时，可使用如下公式计算阻力：

$$R = \frac{128\mu_f}{\pi}\frac{1}{\left(\sqrt{\frac{C}{\pi}+1}\right)^4}\int_{x_1}^{x_2}\frac{\mathrm{d}x}{\left[\left(\frac{R_p+R_t}{2}\right)-\left(\frac{R_p-R_t}{2}\right)\cos\left(\frac{2\pi x}{l_p+l_t}\right)\right]^4} \tag{4-9}$$

式中　R——整个孔隙或喉道的阻力；

μ_f——在孔隙或喉道中流动流体的黏度；

C——常数，如果横截面是三角形，取 $C = \sqrt[3]{3}$，如果横截面是圆形，取 $C = \pi$，如果横截面是正方形，取 $C = 4$；

x_1, x_2——起始和结束的位置。

计算出孔隙网络模型中流体的流动阻力，再依据流量守恒定律，结合迭代法列出方程组，求解更多节点的流量，然后将式(4-8)计算出的孔隙网络模型的渗透率与真实岩心渗透率对比，为了保证所建模型的真实性、准确性，在一定的范围内合理修正孔隙网络模型的基本参数，尽量缩小所建模型与真实岩心之间的偏差，当偏差缩小到很小的范围时，说明孔隙网络模型已成功建立[96]。

为验证数字化孔隙网络模型的正确性，基于表4-1中5块岩心的孔隙结构参数建立孔隙网络模型并计算出渗透率，将之与实际渗透率做比较，如表4-3所示。结果表明，计算渗透率与实际渗透率的相对偏差最大为9.19%，中位数2.56%，说明所构建的孔隙网络模型可以较好地描述真实岩心的渗流特性，验证了所建孔隙网络模型的正确性。

表 4-3　孔隙网络模型计算与实际渗透率比较

模型参数	岩心编号				
	1#	2#	3#	4#	5#
孔隙度/%	25.1	24.6	24.1	26.3	27.6
计算渗透率/($\times 10^{-3}$ μm²)	404	40	469	571	598
实测渗透率/($\times 10^{-3}$ μm²)	370	39	430	568	623
相对偏差/%	9.19%	2.56%	9.07%	0.53%	−4.01%

4.2.2　孔道网络模型参数对渗流特征的影响

构建的孔隙网络模型经过孔隙度和渗透率拟合后，以岩心1#为研究对象，采用控制变量法，改变单一孔隙结构参数，研究该单一参数的变化对渗透率的影响。

（1）配位数

在其他参数不变的情况下，分别从 4.3 到 6.0 变化配位数，对应的渗透率的计算结果见表 4-4 和图 4-6。

表 4-4　改变不同配位数下岩心 1♯ 的渗透率

配位数	4.3	4.6	5.2	5.6	6
孔隙度/%	24.6	24.1	25.3	25.4	25.5
渗透率/($\times 10^{-3}\ \mu m^2$)	381	404	466	487	531

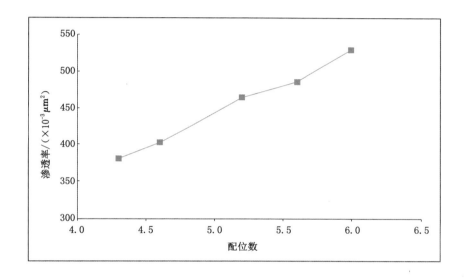

图 4-6　渗透率与配位数的关系图

结果表明，当配位数在一定的范围内增大时，孔隙网络模型的渗透率也随之增大。配位数越大，孔隙之间的连通性越好，流体的流动能力也越强。

（2）孔喉比

在控制其他参数不变的情况下，仍然以岩心 1♯ 为研究对象，在基于孔隙度基本不变的原则下，通过改变孔隙半径参数来研究孔喉比变化对渗透率的影响，模拟结果如表 4-5 和图 4-7 所示。

表 4-5　岩心 1♯ 不同孔喉比下对应的渗透率

孔喉比	3.0	4.4	5.4	6.2
孔隙度/%	26.1	25.7	25.1	25.5
渗透率/($\times 10^{-3}\ \mu m^2$)	798	551	404	270

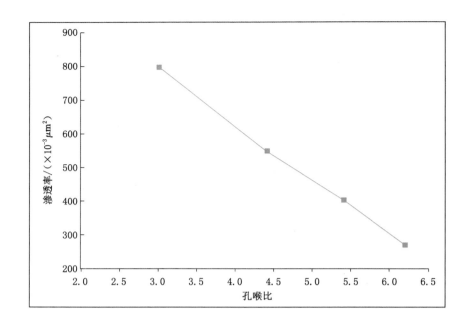

图 4-7　渗透率与孔喉比的关系

模拟结果表明,随着孔喉比的增大,孔隙网络模型的渗透率值逐渐减小。此原因在于随着孔喉比的增大,越容易发生卡断效应,流体更容易发生卡断,会以液滴状存在于孔隙喉道中,不能形成连续相,导致流体的流动能力变弱。

（3）形状因子

孔隙网络模型中喉道的截面形状比例不同,形状因子的大小也不同。控制其他参数不变,以岩心 1# 为研究对象,改变模型中不同喉道截面形状的比例,分别计算出三种不同形状因子对应的渗透率,计算结果如表 4-6 和图 4-8 所示。

表 4-6　岩心 1# 不同形状因子对应的渗透率

圆形/正方形/三角形 形状因子	0.2:0.3:0.5 0.057	0.4:0.3:0.3 0.064	0.6:0.3:0.1 0.076
孔隙度/%	25.86	25.40	25.56
渗透率/($\times 10^{-3}$ μm^2)	395	404	478

结果表明,随着喉道截面圆形所占比例的增大,形状因子增大,孔隙网络模型的渗透率增大。此原因在于,相比于三角形和正方形,圆形的形状因子较大,减少了流体在渗流过程中在角隅部位的滞留,流体的流动能力增强;形状因子越小,则孔隙越复杂、角隅越多,因此孔隙喉道中的滞留流体越多。

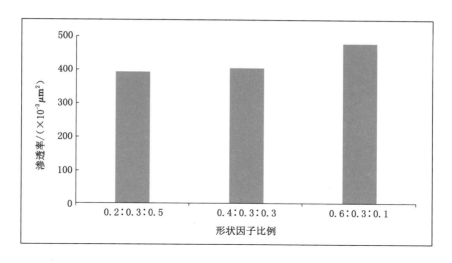

图 4-8　不同形状因子对应的渗透率

4.3　孔道网络模型饱和原油动态模拟

4.3.1　模拟步骤

应用上述建立的孔隙网络模型,假设饱和油过程为活塞式驱替,驱替结束后,模型中分布着连续的油。其模拟步骤如下:

① 算出喉道截面的相关参数,如面积、形状因子等。

② 给定初始喉道的特征值以及相应的驱替压力初值、入口面初始压力值,出口面压力为零,中间各层的孔隙压力呈降低趋势。

③ 算出每个喉道的导流系数,对于任一孔隙,以流量守恒定律为基准,列出可以求解压力分布的线性方程,并解出压力分布结果。

④ 找到压力差以及毛细管力差都达最大,且既未被油侵入,一端又与非润湿相连的喉道。

⑤ 算出各驱替前缘孔隙中的含油饱和度。

在完成饱和油过程的模拟后,将模型内的油水分布情况数据格式进行适当的处理和转换,并将转换后的数据导出成可视化脚本,输入可视化软件进行可视化渲染,渲染结果如图 4-9 所示。其中,黄色部分表示相应空间被油相流体占据,蓝色部分表示相应空间被水相流体占据。

4.3.2　含油饱和度的计算

在数字化孔隙模型模拟饱和油过程中,为保证对模拟过程的可持续性观察,每完成一步饱和过程,都应对含油饱和度进行重新计算和刷新。在数字化孔隙模型完成饱和油过程模

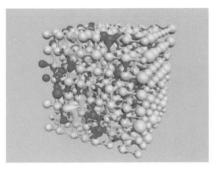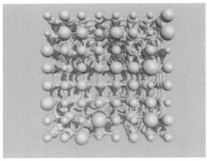

图 4-9　可视化的饱和油模型

拟后,模型内油的总体积与整个孔隙模型总体积的比值即饱和油过程的含油饱和度。含油饱和度计算如式(4-10)所示:

$$S_{\mathrm{o}} = \frac{\sum_{i=1}^{n_1} V_{\mathrm{t}} + \sum_{j=1}^{n_2} V_{\mathrm{p}}}{V} \qquad (4\text{-}10)$$

式中　V_{t},V_{p}——被油侵入喉道和孔隙的体积,$\mu\mathrm{m}^3$;

　　　V——模型孔隙体积,$\mu\mathrm{m}^3$;

　　　n_1,n_2——分别为被油侵入的喉道和孔隙的个数。

对于喉道体积 V_{t},当其仅包含油相流体时,$V_{\mathrm{t}} = Cr_{\mathrm{t}}^2 L$,当油相流体仅位于喉道中央位置时,$V_{\mathrm{t}} = A_{\mathrm{cen}} L$。式(4-10)可以转化为式(4-11)和式(4-12)。

$$S_{\mathrm{o}} = \frac{\sum_{i=1}^{n_1} Cr_{\mathrm{t}}^2 L + \sum_{j=1}^{n_2} V_{\mathrm{p}}}{V} \qquad (4\text{-}11)$$

$$S_{\mathrm{o}} = \frac{\sum_{i=1}^{n_1} A_{\mathrm{cen}} L + \sum_{j=1}^{n_2} V_{\mathrm{p}}}{V} \qquad (4\text{-}12)$$

在模拟饱和油动态运行过程中,若含油饱和度数值没有达到设定值,则循环执行模拟饱和过程,直到模型中的含油饱和度数值趋于定值,此时如果含油饱和度数值仍达不到设定值,则需要调整模拟程序的初始参数设定值,例如增大初始压力或调整其他参数。

在以真实岩心为对象的物理模拟水驱试验中,水驱结束的条件为含水率达到 98%;在数字化孔隙网络模型中,通过连续若干模拟时间步长组成的时间窗口内的累积出油及累积出水来计算模型的含油饱和度和含水率,在出现两个连续的 98% 时,完成水驱油过程的模拟。

水驱过程模拟步骤为:

① 确定水驱过程初始油和水的分布,并分配水驱的初始压力。

② 计算各喉道阻力系数与各节点压力。

③ 计算各喉道每个相的流体流量。确定其所含流体种类,计算各项流体的长度。

④ 由喉道的流量,判断由喉道流入孔隙的流体的类型及其对应的体积。

⑤ 记录并统计模型出口侧喉道出口端流出流体类型及各相总体积,计算采出程度及含

水率。

　　⑥ 重复步骤②～⑤,直至含水率达 98%。

4.4　孔道网络模型聚驱驱油动态模拟

4.4.1　聚合物溶液体系性能参数

　　聚合物溶液的黏弹性指聚合物分别表现出来的黏性以及弹性。聚合物溶液根据受力情况不同表现出不同的黏性性质和弹性性质。在多孔介质中渗流时,聚合物分子受应力影响,发生两种不同类型的流动,即以聚合物溶液非牛顿黏性来描述的黏滞流动和以聚合物溶液黏弹特性描述的黏弹流动。

　　(1) 幂律指数和稠度系数

　　聚合物溶液是一种同时具有黏性和弹性的流体,具有非常明显的非牛顿流体特性。聚合物分子受到剪切作用时,从矢量分析和计算角度看,会在与剪切力相垂直的方向上产生一个法向应力,在第一牛顿区下,其黏度数值近似于常数值,即零剪切黏度;在位于稳态剪切和小幅振荡剪切流动阶段时,特定成分的聚合物溶液会出现剪切稀释,即其黏度的大小随剪切速率越大,黏度随之逐渐降低的现象。

　　非牛顿流体的流变性常常用 Cross 方程表征:

$$\frac{\eta - \eta_\infty}{\eta_0 - \eta_\infty} = (K\gamma)^m \tag{4-13}$$

式中　η_0——极低剪切速率下黏度渐进值;

　　　η_∞——极高剪切速率下黏度渐进值;

　　　K——时间量纲常数;

　　　m——无量纲常数;

　　　γ——剪切速率,s^{-1}。

　　当 $\eta \ll \eta_0$ 以及 $\eta \gg \eta_\infty$ 时,Cross 方程可以化简为:

$$\eta = \frac{\eta_0}{(K\gamma)^m} \tag{4-14}$$

对参数含义重新解释后,式(4-14)可改写为式(4-15)所示的幂律方程:

$$\eta = K'\gamma^{n-1} \tag{4-15}$$

式中　n——幂律指数,无量纲;

　　　K'——稠度系数,无量纲;

　　　η——黏度,mPa·s。

　　基于数字化孔隙网络模型,当模拟聚合物溶液在多孔介质中的渗流过程和规律时,在剪切稀化区域内运用式(4-14)幂律函数模型来表征聚合物溶液的黏度。黏度与剪切速率的关系曲线可从实际试验测量得到的数据中获取,再将数据回归得到的参数(K,n)代入式(4-15)就得到幂律指数和稠度系数,进而计算出不同相对分子质量和不同浓度不同成分(常数)的聚合物溶液黏度与剪切速率的函数(曲线如图 4-10 所示)以及黏度数值。

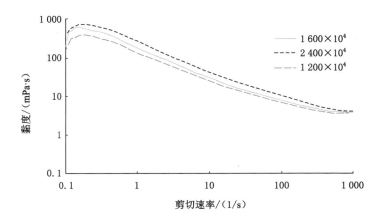

图 4-10　不同分子量下黏度与剪切速率的变化曲线

对于剪切稀化区域外的聚合物溶液流变特性，其在低剪切速率下的黏度数值和高剪切速率下的黏度数值常用 Carreau 公式计算，如式（4-16）所示。

$$\eta = \eta_\infty - \frac{\eta_0 - \eta_\infty}{\left[1 + (\lambda\gamma)^2\right]^{\frac{n-1}{2}}} \tag{4-16}$$

式中　η_0——零剪切黏度，mPa·s；

　　　λ——时间常数，s。

（2）剪切速率

当模拟聚驱溶液在数字化孔隙网络模型中的流动情况时，假设聚驱溶液满足幂律定律并且弹性黏度和其形变速率互不影响，根据式（4-17）计算聚驱溶液在模型喉道截面管壁位置的最大剪切速率值。

$$\gamma = \frac{3n+1}{n} \cdot \frac{\bar{v}}{R} \tag{4-17}$$

式中　R——截面喉道半径，m；

　　　n——幂律指数；

　　　$\bar{v}$——平均流速，m/s。

其黏均剪切速率可利用泊肃叶定律进行换算，得到：

$$\mu = \frac{86.4 \times 10^{12} \pi R^4 \Delta p}{8ql} = \frac{10^9 R^2 \Delta p}{8\bar{v}l} \tag{4-18}$$

通过幂律流体的黏度方程式（4-1），能够计算出聚驱溶液相对黏度的平均剪切速率：

$$\gamma = \left(\frac{3n+1}{4n}\right)^{\frac{n}{n-1}} \cdot \frac{4\bar{v}}{R} \tag{4-19}$$

$$R = 10^{-6} \left(\frac{8C'K}{\Phi R_k}\right)^{\frac{1}{2}} \tag{4-20}$$

式中　R——多孔介质等效半径，m；

　　　C'——迂曲度系数；

　　　K——绝对渗透率，μm^2；

Φ——孔隙度,%;

R_k——渗透率降低系数,假如流体不和储层孔隙发生任何作用,则取值为 1。

根据管流中聚驱溶液的剪切速率计算方程式(4-20)以及孔隙网络模型孔喉流体流变动力分析,计算得到孔隙介质的等效半径以及等效流速 $v = \dfrac{\overline{v}}{\Phi}$,这时聚驱溶液在数字化孔隙网络模型中的模拟渗流过程中的剪切速率数据可由式(4-21)计算得到:

$$\gamma = \left(\frac{3n+1}{4n}\right)\frac{n}{n-1} \cdot \frac{4q}{RA\Phi} \tag{4-21}$$

(3)聚合物弹性

当运用数字化孔隙网络模型模拟聚驱溶液在孔喉空间中的流体渗流过程时,喉道两端受到压差与喉道内壁毛细管力的合力数值是判别该喉道流体是否发生驱替产生流动的主要原则。考虑弹性的因素,模型内某个喉道内油相流体的启动和运移会受到聚驱溶液弹性的影响,其主要机制是受溶液弹性所产生的附加压力的影响,从而使得聚驱溶液流动方向可能发生变化。为了分析聚驱溶液在非对称螺旋弧状喉道模型中的渗流机理,得到聚驱溶液中聚合物弹性对模型中聚驱溶液渗流过程的影响的量化计算公式,将聚驱溶液在喉道内的一次完整流动过程划分为入口收敛阶段和射流胀大阶段两个阶段,如图 4-11 所示。

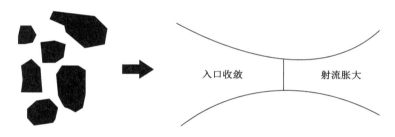

图 4-11　简化的孔喉模型

① 入口收敛阶段

当聚驱溶液从孔隙空间流向喉道空间时,聚驱溶液中聚合物分子链受喉道应力作用发生形变,储存了弹性势能,产生了压力。该过程如图 4-12 所示。

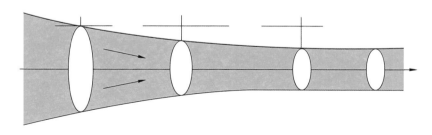

图 4-12　聚合物在喉道中流动的流线图

此过程中压力的耗散规律满足如下关系:

$$\pi r^2 \mathrm{d}p_{e1} = \mu_e \varepsilon \mathrm{d}(\pi r^2) \tag{4-22}$$

式中　$\mathrm{d}p_{e1}$——弹性压降；

μ_e——弹性黏度；

ε——弹性应变速率；

r——入口处半径值。

弹性应变速率可表示为聚驱体系在 z 方向上的速度梯度。其计算公式如下：

$$\varepsilon = -\frac{\mathrm{d}v}{\mathrm{d}z} = \frac{1}{2} \cdot \frac{4n}{3n+1}\gamma \cdot \frac{\mathrm{d}r}{\mathrm{d}z} = \frac{2n}{3n+1}\gamma \cdot \alpha \tag{4-23}$$

式中　v——在 z 方向上的平均速度；

α——入口的收敛函数，$\alpha = \mathrm{d}r/\mathrm{d}z$。

μ_e 可以根据已经求得的 μ_v 表示，如式(4-24)所示。

$$\mu_e = 2\gamma\theta_f\mu_v \tag{4-24}$$

式中　θ_f——松弛时间，s。

在计算 γ 时，设定喉道水平位置坐标值 $z=0$，并且此时的切变速率为 γ_w，因此剪切速率数值可通过式(4-25)表示：

$$\gamma = \gamma_w(D_2/2r)^3 \tag{4-25}$$

综合整理以上各式，得出式(4-26)：

$$\mathrm{d}p_{e1} = \frac{\alpha n}{3n+1}\frac{\mu_v\gamma_w^2\theta_f D_2^6}{8}\frac{\mathrm{d}r}{r^7} \tag{4-26}$$

定义 $\lambda_1 = \dfrac{D_1}{D_2}$，式(4-26)可以简化为式(4-27)：

$$\Delta p_{e1} = \frac{8n}{3n+1}\alpha\mu_v\gamma_w^2\theta_f(1-\frac{1}{\lambda_1^6}) \tag{4-27}$$

通过式(4-28)即可求得入口端的附加压降。

② 射流胀大阶段

聚驱溶液从喉道空间流向孔隙空间时，由于在收敛阶段聚驱体系聚合物分子被压缩，进入该过程后，聚驱体系中被压缩的聚合物分子发生回缩，将弹性势能转化为溶液流体动能，聚驱溶液射流半径会增大。

可采用微元分析法对流体进行分析。在计算此过程的压降时，考虑第一法向应力差、孔喉流体应力以及流体附加压降的关系，可以建立式(4-28)和式(4-29)的关系方程。

$$N_1 = \sigma_w(B^4-1)^{0.5} \tag{4-28}$$

$$N_1 = (1+\beta)\Delta p_{e2} \tag{4-29}$$

式中　N_1——第一法向应力差；

σ_w——剪切应力；

B——挤出胀大比；

β——系数，通常在 1 到 2 之间，Δp_{e2} 为此过程产生的附加压降。

联立方程求解可得到式(4-30)：

$$\mathrm{d}p_{e2} = \frac{2(B^4-1)^{0.5}}{1+\beta} \cdot \frac{\mu_v\gamma}{\alpha} \cdot \frac{\mathrm{d}r}{r} \tag{4-30}$$

考虑弹性势能在此阶段转化为流体动能，有：

$$\mathrm{d}p_{e2} = -\frac{(B^4-1)^{0.5}}{1+\beta} \cdot \frac{\mu_v\gamma_w D_2^3}{4\alpha} \cdot \frac{\mathrm{d}r}{r^4} \tag{4-31}$$

整理以上公式可得：

$$\Delta p_{e2} = -\frac{2}{3} \cdot \frac{(B^4-1)^{0.5}}{1+\beta} \cdot \frac{\mu_v \gamma_w}{\alpha} \cdot \left(1 - \frac{1}{\lambda_2^3}\right) \qquad (4\text{-}32)$$

计算两部分产生的附加压降之和，式(4-33)就是聚驱溶液在数字化孔隙网络模型表征的多孔介质中由孔隙空间流入喉道空间再流向下个孔隙空间中的总压降和。

$$\Delta p_e = \frac{8n}{3n+1}\alpha\mu_v\gamma_w^2\theta_f\left(1-\frac{1}{\lambda_1^6}\right) - \frac{2}{3}\cdot\frac{(B^4-1)^{0.5}}{1+\beta}\cdot\frac{\mu_v\gamma_w}{\alpha}\cdot\left(1-\frac{1}{\lambda_2^3}\right) \qquad (4\text{-}33)$$

前文在计算阻力系数时，已经计算了聚驱溶液由于黏性动能损耗而产生压降损失值，所以此处计算由弹性能量释放导致的孔喉附加压降时，为优化模拟程序运行性能，只需计算因弹性势能储存而产生的压降总损失 Δp_e 即可。

（4）聚合物不可及孔隙体积特性

不可及孔隙体积指多孔介质中所有无法被驱替流体波及的孔隙的总体积。在储层岩石空间内，根据不可及孔隙体积的定义，所有直径小于聚驱溶液聚合物分子等效球直径的孔隙都属于不可及孔隙。在聚驱溶液渗流过程中无法被波及的这些孔隙的体积综合称为多孔介质对聚驱溶液的不可及孔隙体积。根据 Fbry 提出的两端点平均距离计算方法，不同相对分子质量的聚合物分子的回旋半径可以由式(4-34)计算：

$$r_c = (0.237 \times 10^{-7} \times [\eta] \times M) \times \frac{1}{3} \qquad (4\text{-}34)$$

式中　r_c——聚合物分子回旋半径，μm；

$[\eta]$——特性黏度；

M——相对分子质量，104。

$[\eta]$ 的大小与聚合物的相对分子质量之间的关系符合马克-霍温克方程，如式(4-35)所示：

$$[\eta] = kM^\alpha \qquad (4\text{-}35)$$

其中 k 与 α 是经验常数，其大小受到聚合物水解度的影响，当矿化度为 3 700 mg/L，聚合物溶液水解度是 0，此时 $k = 3.73 \times 104$，$\alpha = 0.66$。

将式(4-34)和式(4-35)联立就可以计算出不同相对分子质量聚合物的分子回旋半径值，再对其进行回归处理，其回归公式如式(4-36)所示。

$$r_c = 0.003 \times M^{0.5534} \qquad (4\text{-}36)$$

聚驱溶液在渗流过程中，由于不可及孔隙体积特性，聚合物无法进入过于细小的喉道。其中，一种情况是喉道半径小于等于聚合物分子回旋半径，聚合物分子被阻挡在喉道入口处，另一种情况喉道半径虽然大于聚合物分子的回旋半径，但是聚合物分子链之间通过相互搭桥产生分子团，分子团半径一旦大于喉道半径，就会被阻挡在入口处无法进入喉道。在应用数字化孔隙模型模拟聚驱溶液渗流时将捕集临界半径表示为 $C_r = 6r_c$，能够产生捕集现象的概率表示为 β，再根据临界捕集半径 C_r 和发生捕集的概率 β 来对聚驱溶液的不可及孔隙体积特性进行判断。

（5）聚合物溶液吸附滞留特性

基于数字化孔隙网络模型模拟聚驱溶液在多孔介质中的渗流过程时，由于聚驱溶液中的聚合物具有非牛顿的吸附特性，导致聚驱溶液在喉道中渗流时发生吸附产生吸附层，导致滞留现象的发生，孔喉结构也可能因此发生改变。

当喉道内发生吸附时,记驱替截面上已经发生吸附的聚合物分子占整体聚合物分子的比例为θ,内部被吸附到喉道截面的聚合物分子速度v_a与表面未被吸附分子占整体聚合物分子的比例$(1-\theta)$和聚驱溶液中聚合物的浓度c成正比:

$$v_a = k_1 c(1-\theta) \tag{4-37}$$

在喉道壁面被吸附的聚合物分子和内部空间流动的未被吸附的聚合物分子各自占整体聚合物分子的比例在准静态条件下保持动态平衡,它们之间存在着动态交换过程,已经吸附到喉道壁面的聚合物分子随机脱离吸附,脱离吸附速度可由式(4-38)计算:

$$v_d = k_2 \theta \tag{4-38}$$

当喉道壁面环绕的喉道内部空间未被吸附的自由聚合物分子被聚驱溶液流体冲刷过后,壁面被吸附聚合物分子与空间内游离聚合物分子之间的动态交换就会结束,此时已经吸附在喉道内部壁面上的束缚聚合物分子会一直停留在喉道内壁。通过联立式(4-37)和式(4-38)可得到:

$$k_1 c(1-\theta) = k_2 \theta \tag{4-39}$$

令k为k_1与k_2相除,对θ进行变换得到式(4-40):

$$k = \frac{k_1}{k_2}, \theta = \frac{kc}{1+kc} \tag{4-40}$$

用B表示饱和吸附量,T表示非饱和吸附量,将$\theta = \dfrac{T}{B}$代入式(4-40)可得到:

$$T = B \cdot \frac{kc}{1+kc} \tag{4-41}$$

多孔介质中孔喉内壁表面单位面积上聚合物的吸附质量C_{rp}即聚合物的面积吸附密度,可由式(4-42)计算得到:

$$C_{rp} = \frac{aC_p}{1+bC_p} \tag{4-42}$$

式中　a——用来衡量离子交换和吸附量大小,$(\text{cm}^2/\text{cm}^3)^{-1}$;

　　　b——吸附常数,$(\text{mg}/\text{cm}^3)^{-1}$;

　　　C_p——聚合物浓度,mg/cm^3。

根据聚合物面积吸附密度与孔隙喉道表面内壁聚合物吸附质量总和可计算喉道半径减少量:

$$e = \frac{C_{rp}}{\rho} \times 10 \tag{4-43}$$

式中　e——表示聚合物吸附后喉道半径的减少量,μm;

　　　ρ——表示聚合物密度,g/cm^3。

如图4-13所示,深色部分为聚合物溶液吸附层,其厚度可通过式(4-43)计算得出;发生吸附后的喉道半径的值与吸附层的厚度的和等于吸附前喉道半径的值。

(6)聚驱模拟时间步长的计算

在基于数字化孔隙网络模型的动态驱替过程模拟中,考虑孔隙作为储集流体的场所,针对程序计算模型中每个孔隙内流体在各自所受压差下通过各自相对应喉道的时间,选择其中最小的时间值作为本次迭代的时间步长,如式(4-44)所示。在每个时间步长中,所有喉道的流体均不能被模拟驱替相流体完全驱替,或最多只有一个喉道内的流体能够被驱替相

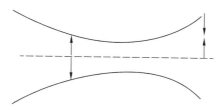

图 4-13　聚合物溶液在喉道内发生吸附作用简化示意图

流体完全驱替,而其他喉道空间可能被多段流体共同占据。

$$t = \min\left(\frac{v_{ti}}{q_i}\right), i = 1,2,3,\cdots,N \tag{4-44}$$

式中　v_{ti}——第 i 个喉道的体积;

　　　q_i——第 i 个喉道的流量;

　　　N——模型中喉道总数。

4.4.2　聚合物驱油过程模拟

4.4.2.1　毛细管力

当数字孔隙模型用于饱和油过程的渗流模拟时,毛细管力和喉道两端之间的压力差决定着驱替相能否被驱动以及是否被驱动而流动。因此在驱替过程中,毛细管力计算结果的准确性直接影响渗流模拟的准确性。

饱和油模拟过程的毛细管力可以用修正的 Young-Laplace 公式进行计算:

$$p_{com} = p_o - p_w = \sigma_{ow}\left(\frac{1}{R_1} + \frac{1}{R_2}\right) \tag{4-45}$$

式中　p_o, p_w——油相、水相的压力;

　　　R_1, R_2——油、水曲率半径,m;

　　　σ_{ow}——油水界面张力,$\dfrac{mN}{m}$。

对于圆形横截面的喉道,可以直接用喉道半径替换毛细管力计算过程中的曲率半径,其计算公式为:

$$P_{cow} = \frac{2\sigma_{ow}\cos\theta_r}{r_t} \tag{4-46}$$

式中　θ_r——油水接触角,rad;

　　　r_t——喉道内切半径,m。

形状因素也会影响毛细管力计算结果。由于实际喉道截面形状复杂,在模型中被分别以三角形、正方形和圆形表示,考虑形状因子影响后的计算公式为:

$$P_{cow} = \frac{\sigma_{ow}\cos\theta_r(1+2\sqrt{\pi G})}{r_t}F_d(\theta,G,\beta) \tag{4-47}$$

式中　G——喉道形状因子,无量纲;

　　　β——多边形半角,弧度制;

　　　F_d——校正因子,无量纲。

当喉道充满单一流体时,无量纲的校正因子为1。依据横截面自由能平衡的计算方法,倘若喉道角隅被非润湿相流体占据,而且两种流体在喉道中同时流动,无量纲的校正因子的计算方程如式(4-48)所示:

$$F_d(\theta,G,\beta) = \frac{1+\sqrt{\dfrac{1+4G\sum\limits_{i=1}^{n}\left[\dfrac{\cos\theta\cos(\theta+\beta_i)}{\sin\beta_i}+\theta+\beta_i-\dfrac{\pi}{2}\right]-8G\cos\theta\sum\limits_{i=1}^{n}\dfrac{\cos(\theta+\beta_i)}{\sin\beta_i}+8G\sum\limits_{i=1}^{n}\left(\dfrac{\pi}{2}-\theta-\beta_i\right)}{\cos\theta}}}{1+2\sqrt{\pi G}}$$

$$(4\text{-}48)$$

在动态驱替过程中,流体从孔隙同时向数个喉道产生流动。当流入喉道的流体类型与喉道内之前含有的流体类型不同时,喉道中就出现了多段流体共存的情况,如图4-14所示。

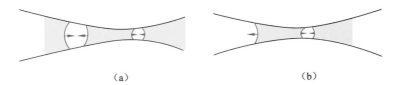

(a)   (b)

图4-14　喉道毛细管力方向及多段流体共存简化图

在图4-14中,黄色的区域代表喉道被油相流体占据,白色部分代表喉道被水相流体占据。在图4-14(a)中,共有四个油水界面,即四个毛细管力。由于喉道内切半径呈余弦规律变化,所以各部分幅度变化率也呈余弦规律连续变化,且幅度有限。因此四个毛细管力的大小相差不大,其差值可以忽略不计,大致认为这四个毛细管力的值相一致,对整个喉道的毛细管力计算影响极小。又因为毛细管力总指向界面的凹液面处,此时可以认为两对方向相反的毛细管力抵消。在图4-14(b)中,共有四段流体,三个油水界面,根据前面的分析,三个毛细管力中一对毛细管力因方向相反而抵消,留下的那个即喉道的毛细管力。

根据上面的分析可以发现,对本书所建立的数字化孔隙网络模型而言,整个喉道上毛细管力的大小取决于喉道中流体段数。若喉道含有流体的段数是奇数,则整个喉道内存在偶数个油水界面,其产生的毛细管力可以合理地认为发生抵消而忽略。若喉道含有流体段数为偶数,则整个喉道内存在奇数个油水界面,留下未被抵消的毛细管力即整个喉道的毛细管力,大小可由式(4-49)给出,方向指向最左侧或最右侧的油水界面的凹面。在用数字化孔隙模型模拟流体驱替动态时,确定了喉道润湿性,可以根据喉道中流体占据的段数和流体相序来计算并判断喉道中毛细管力的大小与方向。

4.4.2.2　阻力系数

在孔隙模型驱替过程中,喉道中流体的存在情况有一定的差异,计算阻力系数的方法也随喉道中流体存在情况不同而不同。

(1)单相流体

当喉道截面是三角形或正方形,而且内部充满着单相流体时,其中心及角隅处的流体类型无差异,则说明整个喉道充满着单相流体,如图4-15所示。

这种条件下喉道的导流系数需使用修正的泊肃叶公式(4-49)求解:

$$g = \frac{\pi}{128}\left\{\sqrt{\frac{A_t}{\pi}}+\left[\left(\frac{R_p+R_t}{2}\right)-\left(\frac{R_p-R_t}{2}\right)\cos\left(\frac{2\pi x}{l_p+l_t}\right)\right]\right\}^4 \qquad (4\text{-}49)$$

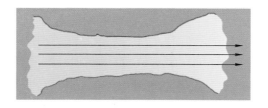

图 4-15　中心单相流体的喉道示意图

式中　g——导流系数，μm^4；

　　　A_t——喉道横截面积，μm^2；

　　A_t 可通过下式求得：

$$A_t = r_t^2 \sum_{i=1}^{n} \cot \alpha_i = C \left[\left(\frac{R_p + R_t}{2} \right) - \left(\frac{R_p - R_t}{2} \right) \cos \left(\frac{2\pi x}{l_p + l_t} \right) \right]^2 \qquad (4-50)$$

式中　α_i——当喉道截面形状为三角形或者正方形时横截面单个内角的一半，弧度制；

　　　n——喉道截面边数；

　　　C——喉道截面面积常数。

　　由式(4-49)和式(4-50)计算得到导流系数后，利用式(4-51)可求解阻力系数：

$$R = \frac{128\mu_f}{\pi} \frac{1}{\left(\sqrt{\frac{c}{\pi}} + 1 \right)^4} \int_{x_1}^{x_2} \frac{\mathrm{d}x}{\left[\left(\frac{R_p + R_t}{2} \right) - \left(\frac{R_p - R_t}{2} \right) \cos \left(\frac{2\pi x}{l_p + l_t} \right) \right]^4} \qquad (4-51)$$

式中　R——阻力系数；

　　　μ_f——流体黏度；

　　　x——流体所在的位置。

（2）双向流体

　　当喉道被两种润湿相流体充填，即非润湿相流体充填喉道中心部位，润湿相流体充填喉道角隅部位，如图 4-16 所示，此时计算阻力系数的关键在于喉道横截面角隅面积。

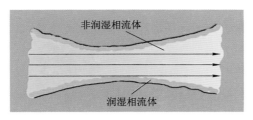

图 4-16　含有角隅及中心流体的喉道示意图

　　对截面形状为三角形和正方形的某一个内角而言，角隅处面积可通过式(4-52)计算：

$$A_{ci} = r^2 \left[\cos \theta (\cot \alpha_i \cos \theta - \sin \theta) + \theta + \alpha_i - \frac{\pi}{2} \right] \qquad (4-52)$$

式中　A_{ci}——内角处角隅面积，μm^2；

　　　r——内角处曲率半径，μm；

　　　θ——油水接触角，弧度制。

角隅位置面积 A_{con} 及喉道中心位置面积 A_{cen} 分别可通过式（4-53）和式（4-54）计算得到：

$$A_{con} = \sum_{i=1}^{n'} A_{ci} \tag{4-53}$$

$$A_{cen} = A_t - A_{con} \tag{4-54}$$

式中　n'——喉道截面边数。

对于喉道中心位置流体导流系数 g_{cen} 的求解，只需用 A_{cen} 替代式（4-55）中的 A_t 即可求出。

$$g_{cen} = \frac{\pi}{128} \left\{ \sqrt{\frac{A_{ten}}{\pi} + \left[\left(\frac{R_p + R_t}{2} \right) - \left(\frac{R_p - R_t}{2} \right) \cos \left(\frac{2\pi x}{l_p + l_t} \right) \right]} \right\}^4 \tag{4-55}$$

对于角隅处导流系数的计算，根据 θ 及 α_i 的大小关系，应当分两种情况分别计算：

① $\theta + \alpha_i < \frac{\pi}{2}$，此时导流系数计算公式为：

$$g_{cor} = \sum_{i=1}^{n} \frac{A_{ci}^2 (1 - \sin \alpha_i)^2 (\varphi_2 \cos \theta - \varphi_1) \varphi_3^2}{12 \sin^2 \alpha (1 - \varphi_3)^2 (\varphi_2 + \varphi_1)^2} \tag{4-56}$$

$$\varphi_1 = \frac{\pi}{2} - \alpha_i - \theta \tag{4-57}$$

$$\varphi_2 = \cot \alpha_i \cos \theta - \sin \theta \tag{4-58}$$

$$\varphi_3 = \left(\frac{\pi}{2} - \alpha_i \right) \tan \alpha_i \tag{4-59}$$

② $\theta + \alpha_i > \frac{\pi}{2}$，此时导流系数计算公式为：

$$g_{cor} = \sum_{i=1}^{n} \frac{A_{ci}^2 \tan \alpha (1 - \sin \alpha_i)^2 \varphi_3^2}{12 \sin^2 \alpha (1 - \varphi_3)(1 + \varphi_3)^2} \tag{4-60}$$

依据以上公式可计算得到不同情况所对应的导流系数，再代入式（4-61）即可计算出阻力系数。

$$R = \frac{\mu_f x}{g} \tag{4-61}$$

求得喉道角隅位置的阻力系数和中心位置的阻力系数后，借助水电相似方法可等效处理和计算流体在喉道内的阻力系数。

当喉道中心有多相流体时，喉道中心每段流体的阻力系数可以从式（4-55）和式（4-61）中计算得出，并且仅喉道中心的每段流体的长度需要用式（4-61）中的 x 代替。对于流体在整个喉道内的阻力，继续使用水电相似方法。如图 4-17 所示，喉道中心流体阻力分别为

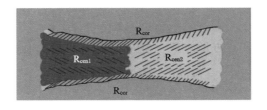

图 4-17　含有角隅及两段中心流体的喉道示意图

R_{cen1} 和 R_{cen2}，喉道角隅处的阻力为 R_{cor}，然后可使用式（4-62）计算流体通过整个喉道的阻力。

$$\frac{1}{R} = \frac{1}{R_{cor}} + \frac{1}{R_{cen1} + R_{cen2}} \tag{4-62}$$

4.4.2.3　润湿性

润湿性基本原理：① 当岩石表面被水润湿，润湿角不大于 90°时，岩石表面亲水，水对岩石表面有选择性润湿。② 当润湿角大于 90°时，岩石表面是亲油性的，油对岩石表面具有选择性润湿。③ 当润湿角为 90°时，岩石表面具有中间润湿性。在本书中，润湿角由 0°～180°之间的随机分布决定。当润湿角不大于 90°时，孔道被水润湿，当润湿角大于 90°时，孔道被油润湿，润湿角为 90°时润湿性的影响可以忽略。当润湿角为 0°岩石强水湿，应特别注意。当润湿角为 180°时，岩石为强油湿。

4.4.2.4　时间步长

为了提高精准度，需预先算出每个孔隙中的流体在压力差下通过相应喉道所需的时间，取最小值作为模拟时间步长。因此在任一时间步长中，有且仅有一个喉道空间中的流体被完全驱替，而在其他喉道中依然可能出现多段流体共存的情况，并且每次迭代的模拟时间步长不同。

$$t = \min\left(\frac{v_{ti}}{q_i}\right), i = 1,2,3,\cdots,n \tag{4-63}$$

式中　v_{ti}——第 i 个喉道体积；

　　　q_i——第 i 个喉道流量；

　　　n——喉道总数。

4.4.3　孔隙网络模型聚合物驱油动态模拟步骤

通过计算出聚驱过程的时间步长，在时间步长内，由于混沌效应，聚驱溶液流体在模型中的流动情况，以及流体在孔隙空间与喉道空间中的分布特征规律，都会对喉道阻力的计算产生重要影响，导致下一次迭代的驱替过程模拟运算也受到影响。对第 i 个喉道而言，聚驱溶液流体流入、流出该喉道的体积等于流入或流出喉道的流量与时间步长的乘积，如式（4-64）所示。

$$v_i = q_i \times t \tag{4-64}$$

通过上式可计算喉道完成聚驱流体溶液运移过程所需要的体积，这部分体积来自与其相连的上一个孔隙，也将流向下一个孔隙中。在基于数字化孔隙网络模型的聚驱过程模拟中，孔隙流入喉道、喉道流入下一个孔隙中的体积已知，但每一相流体所占的体积仍需分析以确定计算公式。

（1）当流体由上一个孔隙流入喉道时

在基于数字孔隙网络模型的聚驱过程模拟中，孔隙中的流体向与其相连的满足可流动压力条件的喉道同时流动，其压力满足关系式（4-65）：

$$p_1 > p_2, p_1 - p_2 + p_c > 0 \tag{4-65}$$

式中　p_1——该孔隙的压力；

　　　p_2——与该孔隙相连的喉道的另一端孔隙的压力；

p_c——毛细管力。

该喉道两端压差与毛细管力之和要大于零。在驱替过程中若毛细管力为正值，则为动力，若为负值，则为阻力，可以求出某个喉道所需要流入某相流体的体积。若该喉道首段流体为聚合物分散体系，则假设该喉道所需要流入的流体为聚合物分散体系；若该喉道首段流体是油相流体，则假设该喉道所需要流入的流体为油相流体。按照这个方法，求出与该孔隙相连的所有可流动喉道所需要流入的聚合物体系体积 v_{jx} 和油相流体体积 v_{ox}，孔隙中原有的聚合物体系和油的体积分别为 v_j 和 v_o，需要作出如下比较：

① 若 $v_j > v_{jx}$ 及 $v_o > v_{ox}$，此时假设流入喉道的流体在喉道中所占的长度为 l，当流入喉道的流体为润湿相时，则可由式(4-66)计算 l，当流入喉道的流体为非润湿相时，则可由式(4-67)进行计算。

$$l = \frac{v_i}{A_t} \tag{4-66}$$

$$l = \frac{v_i}{A_{cen}} \tag{4-67}$$

② 若 $v_j > v_{jx}$ 及 $v_o < v_{ox}$，此时假设聚合物驱油体系为润湿相，则两段流体的长度可由式(4-68)和式(4-69)计算，当聚合物驱油体系为非润湿相时，则可由式(4-70)和式(4-71)进行计算。

$$l_1 = \frac{v_{ow} - v_o}{A_t} \tag{4-68}$$

$$l_2 = \frac{v_o}{A_{cen}} \tag{4-69}$$

$$l_1 = \frac{v_{on} - v_o}{A_{cen}} \tag{4-70}$$

$$l_2 = \frac{v_o}{A_t} \tag{4-71}$$

③ 若 $v_j < v_{jx}$ 及 $v_o > v_{ox}$，此时假设聚驱溶液体系为润湿相，则两段流体的长度可由式(4-72)和式(4-73)计算，当聚驱溶液体系为非润湿相时，则可由式(4-74)和式(4-75)进行计算。

$$l_1 = \frac{v_{wn} - v_w}{A_{cen}} \tag{4-72}$$

$$l_2 = \frac{v_w}{A_t} \tag{4-73}$$

$$l_1 = \frac{v_{wn} - v_w}{A_t} \tag{4-74}$$

$$l_2 = \frac{v_w}{A_{cen}} \tag{4-75}$$

（2）当流体由喉道流入下一个孔隙时

根据流量守恒，喉道流入孔隙的体积同样可由式(4-74)进行计算，通过流动条件方程式(4-76)可判断喉道流体的流出方向：

$$p_1 < p_2, p_2 - p_1 + p_c > 0 \tag{4-76}$$

式中 p_1——当前孔隙的压力；

p_2——与当前孔隙相连喉道另一端孔隙的压力;

p_c——毛细管力。

毛细管力在流动过程中为正值,则表现为动力;为负值,则表现为阻力。从喉道流向孔隙中的流体类型的判断逻辑,与流体从第一个孔隙流入喉道时的流体类型判断逻辑同理。

4.4.4   孔隙网络模型聚合物驱油动态模拟结果

设定网络模型基本参数,根据构建的孔隙网络模型分别进行了饱和油、水驱油及聚驱油过程模拟。模型初始含油饱和度为 75%,水驱后模型含油饱和度为 44.72%,聚驱后模型含油饱和度为 31.18%。

模型各阶段模拟结束后的状态如图 4-18 所示。

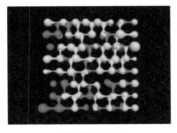 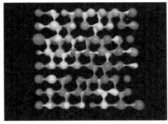 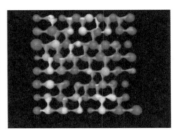

（a）模型初始状态 　　　　　　　（b）模型水驱后状态 　　　　　　　（c）模型聚驱后状态
（含油饱和度:75%） 　　　　　　（含油饱和度:44.72%） 　　　　　（含油饱和度:31.18%）

图 4-18   模型驱油动态模拟结果

岩心驱油试验主要研究岩石的宏观性质参数对整体驱油效果的影响,无法描述岩石的微观孔隙结构参数对剩余油形成与分布的影响。利用所建的孔隙网络模型可以弥补岩心试验的这一局限性。

第5章　基于深度学习的微观剩余油类型识别方法及定量表征

人眼能够在图像即使包含了噪声和畸变的情况下仍能识别出图像信息的层次、图像目标信息及其部分属性。同样的任务对于计算机而言很难直接完成。由于图像在计算机中以离散的二维矩阵（灰度图像）或二维三层矩阵（RGB 彩色图像）表示，而同一灰度值或 RGB 色彩值可能由完全不同的图像目标物体颜色、图像畸变与噪声组合产生，因此图像信息与其产生的像素值之间不存在显著的函数或统计关系。

虽然图像目标信息与图像畸变及噪声存在显著的特征差别，但图像目标特征随目标物体本身的变化、目标物体在图像中的呈现方式变化而变化的范围太过广泛，传统特征工程需根据图像内容对相关特征进行部分先验假设，这限制了图像识别程序的泛化能力。深度学习则能够解决程序的泛化能力问题。随着计算机硬件的发展，深度学习已经被越来越多地应用于图像信息智能识别中。

深度神经网络其实是卷积神经网络与全连接神经网络互相结合的产物，卷积神经网络相对于全连接神经网络可以有效减少训练过程中的需要学习的参数的规模，这种部分连通的网络结构和生物学中的视觉系统结构相类似，是接受局部信号刺激的。池化操作同样可以在保留关键信息的基础上来缩减神经网络规模。本章运用了三种不同的池化操作方法对剩余油类型进行识别优化，为克服过拟合问题，采用了 SENet 方法进行识别。

5.1　深度神经网络的构建方法

5.1.1　深度神经网络的构建

计算机科学家为了模拟生物学上的大脑的神经元，使用计算机科学开发了一种机器模型，可以使用类似神经元的工作原理来处理数据，这种机器模型命名为神经网络。其最大的特征是可以通过不断学习来灵活修正结果。

神经网络主要为网状结构，通过多个机器模拟的神经元相互连接，在一个机器神经元中，主要将输入信息传递到隐藏层进行数据处理，并将处理结果发送至输出层。不同的神经元之间使用权重进行连接，并以此来模拟大脑学习的记忆过程，神经元的学习结果是通过权重和对输入信息的激活函数处理得到的。

机器神经元的计算过程包括求和与激活，分别描述如下。

求和运算——计算输入样本加权值之后的累加和：

$$v_{\mathrm{m}} = \sum_{j=1}^{n} w_{\mathrm{m}j} x_j + b_0 \qquad (5\text{-}1)$$

激活函数——确保其神经元的输出结果能控制在某一个范围内,用于约束神经节点最终结果的波动[97]。神经元的输出结果为:

$$y_m = \varphi(v_m) = \varphi\left(\sum_{j=1}^{n} w_{\mathrm{m}j} x_j + b_0\right) \qquad (5\text{-}2)$$

神经网络的训练过程可分为如下五个步骤:

第一步,信息初始化。假设 w_{ji} 表示第 j 个信息输出节点和第 i 个信息输入节点之间的连接权重,b_j 表示第 j 个输出节点的偏置。对权重 w_{ji} 和偏置 b_j 进行随机初始化赋值操作。

第二步,获得输入。得到的输入样本矩阵 $\boldsymbol{x} = \{x_1, x_2, \cdots, x_n\}$,设置目标输出 $\boldsymbol{y}(x) = \{y(x_1), y(x_2), \cdots, y(x_n)\}$。

第三步,按下式计算输出:

$$y_j = f\left[\sum_{i=1}^{n} w_{ji}(t) x_i + b_j\right] \qquad (5\text{-}3)$$

第四步,进行相关参数优化。根据最终输出 y_j 和真实结果的差值,用梯度下降算法进行参数调整。

第五步,循环迭代。重复第二步到第四步,直到输出值与真实值的误差降到最低点。

神经网络发展到现在,已发展出了多种神经网络模型,其中包括各个神经层之间都存在关联,至少含有一个隐藏层,并且至少总层数是三层的网络结构的多层前馈神经网络(图 5-1)。使用反向传播配合多层前馈神经网络可以不断优化相关权重值,得到较好的训练结果。该类别的神经网络的主要神经结构一般由 i 个输入层节点、j 个隐藏层节点、k 个输出层节点构成。对该神经网络的训练首先从权重 w_{ij} 的随机赋值开始,然后进行输入信息 x_i 的相关操作,之后进行相关的激活函数训练并输出用激活函数得到的值 a_{ij},将 a_{ij} 作为下一个神经网络的输入,再次进行相同的迭代操作,最终在输出层获得训练输出值 y_k,根据 y_k 与真实值的误差,进行逆向的权重优化训练。

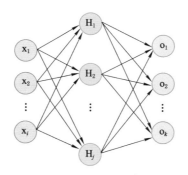

图 5-1　多层前馈神经网络

取得样本信息、预先处理、特征工程及进行数据识别分类操作是神经网络操作相关信息的主要四个步骤。在这四个步骤中,特征工程需要对繁多的输入信息进行相关的精炼,提取出特征最为显著的信息,这种特征显著的信息很大程度影响着输出结果识别分类的精度,因此该步骤极其重要,而神经网络可以主动自发地优化信息并寻找特征显著的样本,因此具有高度的优越性。

多层神经网络的思想,通过多层训练学习,将底层的学习结果向高层传输,在这种过程中,理想的神经网络结构具有 n 层,分别为$\{s_1,s_2,\cdots,s_n\}$,我们这里使用 I 来代表样本的信息输入,用 O 来表示相关的输出结果,则整个网络结构可以表示为:$I \to s_1 \to s_2 \to \cdots \to s_n \to O$。假如 O 和 I 相等,表明输入样本 I 在经过多层的向前训练传播之后,它包含的数据没有发生改变,意味着在任意一层的输入都是原始信息的另一种表示形式,这就能自动获取原始数据在每一层的特征$\{s_1,s_2,\cdots,s_n\}$。但这种理想结构的发生概率逼近于零,因此实际中输入与输出的误差控制在很小的范围之内便可。上述即深度学习的基本思想。深度学习的经典算法有深度信念网络、卷积神经网络、自动编码器等。

自动编码器引入了一个新的概念,即假定一个样本数据输入后,建立某种数据模型,将样本数据代入模型,其包含的信息是不发生改变的,并且通过不断的学习来调整网络结构,最终得到一个收敛的网络结构,进而可以获取原始数据在每一层的特征。它可以用来重现输入数据的网络结构。

自动编码器有两个最为核心的模块:编码器和解码器。编码器是使样本特征约减表示并输出,解码器负责使用价值最小化函数在编码器输出的约减表示中重建初始输入。更为具体地说,当编码器使用线性激活函数并且输入样本维数大于隐层节点数时,就表明解码器的学习参数是输入空间基本组成部分的一个子集[98]。当使用非线性模式的激活函数时,自动编码器能提取到样本的显著信息。基于多层前馈网络的深度神经网络构造如图 5-2 所示。

图 5-2　基于多层前馈网络的深度神经网络构造

5.1.2　深度置信网络的构建

由概率作为基础构造的数学模型,以一系列限制玻尔兹曼机(Restricted Boltzmann Machine,RBM)为基础组织的神经网络模型叫作深度置信网络,是一个典型的高度复杂的有向无环图。因此 RBM 是深度置信网络中十分重要的基础单元。大量的研究已经表明,深度置信网可解决多层神经网络在用传统的反向传播算法训练时收敛速度慢和局部最优的问题。

限制波尔兹曼机是一种双向概率图模型,输入层与隐藏层之间有连接权重 W,而对于可见层 v 或者隐层 h,在同层的神经元是相互无联系的。RBM 的联合组态的能量可以表示为:

$$E(v,h,\theta)=-v^{\mathrm{T}}Wh-b^{\mathrm{T}}v-a^{\mathrm{T}}h=\sum_{ij}W_{ij}v_ih_j-\sum_ib_iv_i-\sum_ja_jh_j \quad (5\text{-}4)$$

其中 $\theta=\{W,a,b\}$ 是限制波尔兹曼机模型的参数,W 表示隐藏层节点和可见层节点的阈值,a 和 b 是偏置项。

RBM 中的隐层节点与可视节点没有硬性限制,通过足够多的隐藏层,该模型便有能力表达所有情况的离散分布。

通过多个 RBM 相互协作训练以及无监督的贪婪逐层算法就可以得到深度置信网络 DBN。把 DBN 的结构进行分层并都进行单独无监督训练,将其底层输出值作为高一层的输入,最后用监督学习调整整个网络,中间重复的过程就是 Gibbs 采样,是无监督算法的核心。深度置信网络结构如图 5-3 所示。

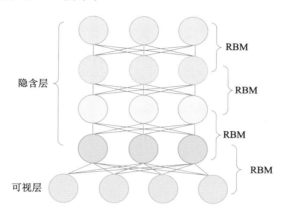

图 5-3　深度置信网络结构

深度置信网络具体学习过程如下:

第一步,初始化训练。将总体网络结构分成多个受限波尔兹曼机,并分别训练。首先输入训练样本,并得到第一层波尔兹曼机的权值系数矩阵 W_i;其次将其权值固定,通过隐藏层得到输出向量;最后将隐层输出向量充当第二层波尔兹曼机的输入,再次计算该层权重,以此迭代输出。

第二步,进行参数调整。在初始化训练结束后,通过反向传播算法对模型整体进行调整训练。

深度置信网络具有高灵活性,因此受到广泛的使用和学习,并以此为基础开发出了很多分支,例如卷积深度网络和卷积深度置信网络都是深度置信网络的变形结构。尤其是深度置信网络,被大量使用在了数据建模、样本信息特征提取和识别等领域。

5.2　基于深度学习的图像识别方法

使用深度学习方法可以解决传统特征工程中人工设计不容易把握特征好坏与泛化能力的问题。一幅图像通常包括目标本体、背景环境信息、光影信息与噪声四部分。由于不同的本体、环境、光影与噪声组合可能产生完全相同的局部灰度直方图,无法使用简单的统计特征对图像进行模式识别。特征学习是深度神经网络中“高层”神经元的作用,深度神经网络通过这部分神经元可实现对图像特征的学习与泛化,且由深度学习提取得到的特征可用于图像的模式识别。

5.2.1 模式识别与图像数据建模

模式识别可以判别和解释物体的对象(如图像、视频、声音等)或行为,是通过分析感知信号这一过程来达到判别和解释物体对象这一目的。这些对象称之为模式(它们可以是图像、信号波形或者任何其他可测量且需要识别的对象)。模式所属的种类有很多,我们把这些种类称为模式类。模式识别可以把各种待识别的模式划分到各自的模式类中去,划分的依据基于某些一定的量度或观测基础。经过了多年的发展,模式识别的具体应用也从最初的光学字符识别,扩展到如今的工业检测、序列分析、精确制导、医学图像诊断、表情识别、图像识别、姿态识别、语音识别、生物特征识别、话者识别、数据挖掘、信息检索、入侵检测和信号处理等领域[97]。

模式识别涉及以下一些概念。

(1) 特征与特征向量

模式特征分为很多种类,比如数学的、结构的、物理的。对于人而言,人的感觉器官能比较轻松感受到结构的、物理的特征;特征产生过程的步骤如下:

① 特征提取:由于原始特征的数量比较庞大,可以利用变换把高维特征空间映射到低维空间,从而形成二次特征,它们通常是原始特征的某种组合。

② 原始特征:又叫一次特征,是一种可以通过计算得到的或者用仪表或传感器测量出来的特征。

③ 特征选择:笔者希望尽量减少特征空间的维数,特征选择就可以解决这一问题。在得到的一组特征中去选取最有效的特征,这个特征是原特征空间的子集。一般情况下用 l 个特征 $x_i(i=1,2,\cdots,l)$,组成特征向量 $\boldsymbol{x}=[x_1,x_2,\cdots,x_l]^{\mathrm{T}}$,每一个特征向量表示一个样本。来自不同样本的测量值都是一些随机的数据。因此我们可以把特征向量和特征值分别视为向量和随机变量。

(2) 有监督与无监督模式识别

模式识别根据各试验样本所属的类别是否已知可分为无监督和有监督两种。有监督模式识别是指利用有用的训练数据集中的已知信息来设计分类器,这种模式识别需要获取大量的已知类别的样本。无监督模式识别是指在无已知类别的训练数据的情况下,需要给定一组特征向量来挖掘其内在的关联性,然后把相似的分为一组。还有一种模式识别是半监督模式识别,它处于有监督模式识别与无监督模式识别之间。半监督模式识别是指在众多数据中只有部分数据是已知类别的,要尝试从未知类别的数据中恢复附加信息,并且与现有数据的通用结构相关联。半监督学习可以提供聚类算法所需的先验知识。

一个典型的模式识别系统由数据获取部分、数据预处理部分、样本特征提取与选择部分以及最终的分类决策部分四个独立的模块组成。

在模式识别过程中,获取的数据先用矩阵或向量来表达,再通过预处理过程去除数据中的噪声来强化有用的信息;样本特征提取和选择过程通过对数据进行处理和变换,得到反映分类情况的最本质的特征;最终的分类决策将一个识别对象成功映射到某一个分类中。

统计模式识别包括以下一些主要方法。

(1) 分类器设计

模式识别研究的首要内容是模式分类。模式分类根据决策边界、概率密度、相似度把分类器划分成三种不同的类型。标板学习和相似度度量方法可以共同决定基于相似度的分类器性能。分类器也可以分为判别模型、生成模型、混合生成判别模型这三种类型。

判别模型是一种利用数据信息特征空间进行数据划分的分类器，支持向量模型就属于判别模型。判别模型的优点是可以解决概率分布中使用参数模型表达有困难或数据样本数量较多的问题，原因是该模型使用了调整数据进行分类边界的方式来对数据样本进行分类。然而缺点是在训练的过程中如果要对其中一个参数进行估计，就必须要考虑各个类型的数据样本，这样会产生很大的计算量。

生成模型是一种基于概率密度进行模型估计的分类器，这种模型的特点是会对各个类别的参数分别进行样本估计，只要样本的实际分布情况和得到的参数模型相似，就可以认为该模型的性能比较好，有很强的抗噪声能力。

混合生成判别模型在最近这些年受到了很大的关注，这是因为它有生成模型和判别模型这两种模型的优点。该模型首先针对每一种数据类型建立与这些数据相匹配的生成模型，可以用判别学习准则来对参数进行优化。判别学习准则有两种，一种是生成模型学习准则，另外一种是判别学习准则的加权组合。

分类器模型的性能类型很多，并且各有特点。多分类器方法被认为是结合不同分类器的优点、克服单个分类器性能不足的一个有效途径。早期的多分类器研究主要集中在对给定多个分类器的有效融合。

① 贝叶斯决策方法

使用特征向量的方式来对数据模式进行表示叫作贝叶斯决策方法，贝叶斯决策方法的优点是可以设计出最优分类器，缺点是需要估计概率密度。

贝叶斯决策方法指出，在判别模式时，最小代价决策和最小错误率决策是两种最常见的模式。如果有 M 个不同数据类别，它们的条件概率密度用 p 来表示，其中 $p(w_i|x)$ 表示与第 w_i 类相关联的先验概率，则模式属于各个类别的后验概率可根据贝叶斯公式计算：

$$p(w_i \mid x) = \frac{p(w_i)p(x \mid w_i)}{p(x)} = \frac{p(w_i)p(x \mid w_i)}{\sum\limits_{j=1}^{M} p(w_j)p(x \mid w_j)} \tag{5-5}$$

特征空间被后验概率或鉴别函数划分为对应各个类别的决策区块。直接对特征空间进行划分或者对概率密度进行估计和计算即可达到模式分类的作用。

② 支持向量机

支持向量机基本思想是把问题转化为一个二次规划问题，对特定样本，可寻找一个超平面完成样本的分类，并且满足该超平面在晶振分离样本的同时，保证超平面两侧的有一段尽可能大的空白区域。本质上是一种非线性数据处理工具。

支持向量机分为线性和非线性两种情况，前者要尽可能在二维平面内寻找到可使得两类样本在某个可接受的划定误差内分开的样本数据，且分类间隔尽可能大的最佳分类方式，而后者是指将样本映射到高维甚至无穷维空间，再在高维空间中采用线性问题的处理方法。支持向量机的目的是找到最佳的分类决策模型，并同时确保该分类决策模型有较好的泛化能力，且样本维数和不影响算法复杂度。

它的优点是在大部分情况下其分类性能优秀，缺点是核函数的选择对性能影响很大，分类的计算复杂度较高。

③ 聚类算法

聚类算法是可以在不训练已含有正确分类标签的样本集的前提下,将未知输入样本的一组样本分成若干类的一种无监督的学习方法,因此聚类算法不需要训练样本集。一般来说,聚类算法主要分为顺序算法、层次聚类算法和基于代价函数最优的聚类算法等。

聚类的数学定义如下:

定义数据集为 $X=\{x_1,x_2,\cdots,x_n\}$ 的 m 聚类 R,将 X 分割成 m 个集合(聚类)$C_1,C_2,\cdots,C_m$,使其满足下面三个条件:$C_i=\phi,i=1,2,\cdots,m;\bigcup_{i=1}^{m}C_i=X;C_i\bigcap C_j=\phi,i\neq j,i,j=1,2,\cdots,m$。另外,在聚类 C_i 中包含的向量彼此更相似,而与其他类中的向量不相似。这里的相似,可统一定义为 X 上的相似性测度,其具体定义与采用的聚类方法有关。

下列步骤是聚类过程中必须要有的:

a. 近邻测度:测量两个向量的相似度。

b. 聚类准则:通过数据学家对是否可判断进行解释,以蕴含在数据集中类的类型为基础,可用代价函数或其他规则表示。

c. 运算验证:对数据集聚类算法进行择优选择并验证结果集。

d. 结果判定:数据分析人员根据其他试验数据集进行聚类结果的分析研究,得出最终的结果判定。

(2) 特征选择与特征提取

根据模式识别理论,线性不可分的低维空间模式可以把非线性映射到高维的特征空间,从而达到线性可分的目的。但是直接使用这项技术的缺点是当维数增加时,计算量会呈指数倍地增长,产生维数灾难。造成这一问题的原因是运算时会涉及非线性映射函数的形式和参数、特征空间维数。为了降低维数,我们需要进行特征选择和特征提取。把两者结合使用可以在改善分类的泛化性能的同时也可以简化分类器的复杂度。特征选择方法受到越来越多的关注,因为特征选择方法的一些新方法可以解决越来越庞大复杂的分类问题。

不同的特征选择可以决定分类器的性能好坏,因此要特别重视特征选择,尤其要选择具有辨别能力的特征。要定量描述特征就要选择那些在特征向量空间中类间距离比较大、类内方差比较小的特征。根据分类器与特征选择过程之间的交互程度,可以把其分为封装式、有过滤式两大类。有过滤式是非常常见的一种特征选择方式,它可以根据特征子集内部的信息来衡量特征子集的优劣,它可以在训练之前去掉非必要的属性,在选择过程中总的计算量较小,所以说它是与分类器相隔离的。通过封装式方法得到的特征子集的预测性能通常会更好,因为它可以把特定的分类器嵌入特征选择这一过程,利用随机搜索算法寻找特征子集,通过分类器来评价特征子集的好坏。但是在特征选择这个过程中评价数量庞大的特征子集,需要比较大的计算量,所以只能适用在特征维数比较低的情况。特征提取也可以被称作特征变换,它可以利用现有的特征计算出抽象度更高的一个特征集,需要经历从原始信号转换得到特征量的过程。线性变换的传统方法包括线性鉴别分析和主成分分析等方法,在这里我们假设各种样本的协方差矩阵相同且服从高斯分布,所有的样本在总体上也要服从高斯分布。特征提取之所以会成为这些年来研究的热点是因为它存在样本小、呈非高斯分布等特点。图像分类是小样本学习的一个经典例子,近年提出的一种面向图像模式的特征提取方法可以对二维模式进行鉴别分析或主成分分析。

5.2.2　运用深度学习的图像数据识别方法

5.2.2.1　深度神经网络模型

神经网络发展到现在,已经发展出了多种神经网络模型,内涵包括各个神经层之间都存在关联,至少含有一个隐藏层,并且总层数至少是三层的网络结构的多层前馈神经网络。使用反向传播配合多层前馈神经网络可以不断优化相关权重值,得到较好的训练结果。该类别的神经网络的主要神经结构一般有 i 个输入层节点,j 个隐藏层节点,k 个输出层节点。对该神经网络的训练首先是从权重 W_{ij} 的随机赋值开始,然后进行输入信息 x_i 的相关操作,之后进行相关的激活函数训练并输出通过激活函数得到的值 a_{ij},将 a_{ij} 作为下一个神经网络的输入,再次进行相同的迭代操作,最终在输出层获得训练输出值 y_k,根据 y_k 与真实值的误差,进行逆向的权重优化训练。

Krizhevsky 等所采用深度卷积神经网络的结构。该神经网络的结构如图 5-1 所示,整个神经网络由八层构成:前五层是卷积神经网络,后三层则是全连接神经网络,最后一层全连接神经网络被连接至 1 000 维的 Softmax 多分类损失函数层。受限于 GPU 显存的大小,整个神经网络被切分到两块 NVIDIA GTX 580 3GB GPU 上训练,其中第二、四、五层卷积神经网络只跟同一块 GPU 上的神经网络层相连。

在神经网络信息操作中,取得样本信息、预先处理、特征工程及数据识别分类操作是主要的四个步骤。在这四个步骤中,特征工程需要对繁多的输入信息进行相关的精炼,提取出特征最为显著的信息,这种特征显著的信息很大程度影响着输出识别分类的结果的精度,因此该步骤极其重要,而神经网络可以主动自发地优化信息并寻找特征显著的样本,因此高度的优越性是神经网络的特征。

考虑单块 NVIDIA Tesla K20Xm 6GB GPU 的容量就足够支持图 5-1 所示的神经网络的训练,于是我们对上述网络结构进行了修改,第二、四、五层卷积神经网络不再被切分到两块不同的 GPU 上训练。修改后的网络结构如图 5-3 所示。第一层卷积神经层将 224×224 大小的三通道 RGB 图像通过 96 个 $11 \times 11 \times 3$ 的卷积核按照 4 个像素点的步长进行卷积操作;然后第二层卷积神经层利用 256 个 $5 \times 5 \times 48$ 的卷积核在对上一层最大池化操作之后的结果进行处理;依次类推,第三层卷积层有 384 个 $3 \times 3 \times 256$ 的卷积核;第四层卷积层分为两组拥有 384 个 $3 \times 3 \times 192$ 的卷积核,第五层卷积层也被分为两组拥有 256 个 $3 \times 3 \times 192$ 的卷积核。全连接层分别对应 $<4\ 096,4\ 096,1\ 000>$ 个神经元。在第一、二卷积层后分别进行了 5×5、3×3 的步长为 2 的最大池化操作,而第五层卷积层后进行了 3×3 的步长为 2 的平均池化操作。

考虑神经网络中总共有超过 6 000 万规模大小的参数需要训练,需要训练的参数规模远大于其训练数据规模,防止过拟合在训练该神经网络的过程中显得尤为重要。

自动编码器引入了一个新的概念,即假定输入一个样本数据后要建立某种数据模型,将样本数据代入模型,其包含的信息不发生改变,并且通过不断的学习来调整网络结构,最终会得到一个收敛的网络结构,从而获取原始数据在每一层的特征。它可以用来重现输入数据的网络结构。

在训练过程中,该模型每一层神经网络都使用了整流器激活函数,同时每次迭代都是在原始的 256×256 大小的图像上,随机裁剪了 224×224 大小的图片作为训练数据,最后考虑神经网络的主要参数都被输入全连接层,所以在第一、二全连接层都通过随机失活操作按照 50％的概率随机将一些神经元的输出置为0。训练过程按照最小数据样本量的方式,每计算128个样本的平均误差梯度后进行一次反向传播更新神经网络中参数。

前已述及,自动编码器有两个最为核心的模块:编码器和解码器。虽然卷积神经网络对图像中目标物体的识别具备一定的抗干扰性和平移不变性,但是实际在图像识别过程中,目标物体在图像中的占据轮廓大小以及在图像中所处的位置都会影响图像识别的准确率。同时在对数据进行对比分析之后发现,在有很多相似的类别时(诸如狗类下属的很多子类)往往识别的准确率比较低。基于上述两个问题本书在5.3节中提出了一种改进方法。

5.2.2.2 卷积神经网络

卷积神经网络是一种特殊的多层神经网络,跟其他大多数神经网络一样,卷积神经网络也是依靠反向传播算法进行训练的,唯一不同的是它具有特殊的结构。卷积神经网络被设计为在没有预处理过的像素级别的图像上识别相关的图像模板(Visual Patterns),并且对图像失真以及简单的图像位移等操作具有一定的鲁棒性。卷积神经网络主要受生物学的启发,Hubel 和 Wiesel 在早期针对猫的视觉研究中发现,视觉皮层内存在一系列组织结构复杂的细胞[99]。当一个复杂的图像进入大脑皮层,某些视觉细胞会对局部的小图像反应敏感,这种局部小图像的输入称为感受野(Receptive Field),然后将这些局部图像的响应拼接起来作为整个大的图像的视觉响应。这些滤波作用(Filter)的细胞在视觉输入层中是局部起作用的,因而适合利用自然图像中局部区域像素点具有强烈相关性的特点。此外,人们常常认为人脑中存在两种基本细胞类型:简单细胞(S)和复杂细胞(C)。简单细胞(S)最大程度地对它们感受野范围内的图像轮廓刺激做出反应,而复杂细胞(C)有相对更大的感受野,并且对于刺激的精确位置具有不敏感性。视觉皮层是已知存在的最强大的视觉系统,因而通过模拟视觉皮层的这一行为来构造图像识别系统是一个很自然的想法。从相关文献中可以发现许多受神经启发的模型,例如 NeoCognitron、HMAX 以及 LeNet-5,都是很典型的例子。

稀疏连接和权重共享是卷积神经网络的两个重要特点。

首先介绍稀疏连接:如图5-4所示,卷积神经网络利用局部空间相关性构建相邻两层神经元的局部连接模式。输入隐层的第1层节点连接着的一个子集,并且要求子集里的节点具有空间连续的感受野。

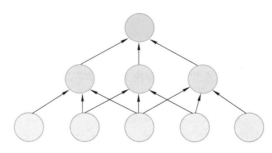

图 5-4　卷积神经网络稀疏连接示意图

假设第 3 层是视网膜的输入。如图 5-4 所示,第 2 层的神经元对于视网膜输入的感受野的宽度是 3,因此第 2 层的神经元只和其下面一层(视网膜)的三个相邻神经元相连。第 1 层的神经元与其下层也有相似的连接,即第 1 层神经元对于其下层的感受区域大小是 3,但是对于输入层的感受区域更大些(是 5)。因而这种结构可以限制学到的"滤波器"构成空间局部的模式,因为每个神经元对于视网膜感受野以外的信号没有反应。逐层的这种结构可以使滤波器越来越全局化,此时这种滤波器不再是线性,且可以横跨更大范围的像素空间。比如,第 1 层的隐层单元可以编码像素空间宽度为 5 的非线性特征。

接下来介绍卷积神经网络的另外一个重要特征:权重共享。在卷积神经网络中,每一个稀疏滤波器会遍历并对整个视野范围内的信号进行再处理,处理后的结果构成特征映射特征矩阵,特征映射特征矩阵中的特征可共享权重向量。

在图 5-4 中,展示了属于同一个特征映射特征矩阵的 3 个隐层节点。相同的颜色表示他们的权重共享。梯度下降算法仍然可以用来学习这些共享的参数,只需要在原有算法上做细小的改动——共享权重的梯度就是共享参数的梯度的简单加和。用上述这种方法重复计算神经元,可以在视野中发现特征而无须考虑特征的位置。另外,权重共享有助于效率的提升,因为这样做可以极大程度地减少需要学习的参数数量。特征映射特征矩阵是通过在输入图像上利用滤波器做卷积操作,外加常数项,最后经过非线性激活函数的变换得到的。定义某一层卷积神经网络中的第 n 个特征映射特征矩阵为 f_n,对应的滤波器的权重用 w 表示,常数项用 b 表示,则特征映射的计算过程如下所示(使用双曲正切作为非线性激活函数):

为了丰富数据的表示,隐含层一般都包含多个检测多种特征的特征映射特征矩阵,这层神经网络的参数就相当于一个四维矩阵(四维分别对应的是:目标特征映射索引、源特征映射索引、源特征映射上的水平偏移量、源特征映射上的垂直偏移量),卷积神经网络单层结构如图 5-5 所示。

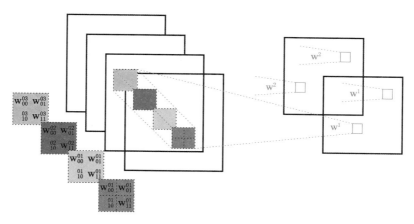

图 5-5　卷积神经网络单层结构

通过卷积神经网络获取到特征映射特征矩阵之后,一种直观的想法是直接使用这些特征训练分类模型,然而对于分辨率较高的图片,即使经过几次卷积神经网络的变化,特征映射特征矩阵对应的参数数量仍然是非常庞大的,很容易出现过拟合的问题。针对这种问题,参考卷积神经网络的特征,针对局部区域的缩放降低参数规模。因此,一个很自然的想法就是,基于卷积神经网络最后输出的结构在特征映射特征矩阵的不同位置的值进行统计操作,在保留特征显著性的同时降低参数规模。使用统计后的结果代替原来特征映射特征矩阵上对应的值作为输出,这个操作过程就被称为池化操作,经过池化操作之后的卷积神经网络参数规模更小了,有效地控制了过拟合可能带来的影响。因此池化操作又被作为一种常用的方法与卷积神经网络一起使用,甚至被很多人理解为池化操作就是卷积神经网络的组成部分之一。

常用的池化操作通常被分为两种,一种是以池化区域上原数据的平均值为池化的结果输出,被称为平均池化;另外一种是以池化区域上原数据的最大值为池化的结果输出,被称为最大池化。这两种池化方式在训练深度神经网络的过程中都是有缺点的。

对于平均池化操作,池化区域的所有元素都会被考虑,即使这个元素异常的大。但是如果使用线性整流单元作为卷积神经网络的激活函数,那么平均池化之后会导致一些强激活值被削弱,这是因为池化区域中为0的元素比较多;如果使用双曲正切这种激活函数,那么卷积神经网络的输出要么是强烈的正信号要么是强烈的负信号,两者互相抵消,平均池化之后的输出响应就会非常小。

最大池化操作虽然没有上述缺点,但是它在训练过程中非常容易导致训练中的过拟合问题。M. D. Zeiler 提出了一种随机池化操作算法。随机池化操作按照池化区域的元素大小为概率并选取其中的元素作为池化操作的输出,即首先逐个计算元素被保留的概率,在进行池化操作的时候,按照概率随机选取一个值作为最后随机池化操作的输出。通过这种随机的方式可以一定程度地减轻训练过程中的过拟合程度。随机池化过程示意图如图 5-6 所示。

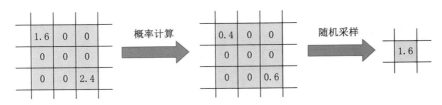

图 5-6　随机池化过程示意图

多个不同的模型融合可以有效降低深度神经网络分类的错误率,但是训练多个大规模深度神经网络十分消耗计算资源,仅仅是单个模型的训练就需要花费数天的时间。一种有效的模拟多模型融合的办法是采用随机失活的方式,将隐含层的神经元的输出以 0.5 的概率随机置为 0,被置为 0 的神经元在前向传播以及反向传播过程中都不会参与计算。这就相当于每给定了一个训练数据,神经网络都会变成一个不同的结构,但是所有不同结构的神经网络的权重是共享的。这种方式还降低了神经元之间的依赖性,可以学习到鲁棒性更强的特征。在测试的时候不同于训练过程,使用了所有的神经元的输出,但是所有的输出的值都乘以 0.5,从而使 dropout 随机失活训练的网络输出值的取值范围接近不使用 dropout 随机失活训练的网络输出值的取值范围。

5.3　孔隙网络模型内剩余油图像形状分类及特征提取

5.3.1　剩余油图像形状分类

剩余油聚驱后,按照在喉道中分布的位置、形态可分为簇状、喉道状、盲端状、柱状、油滴状等多种形状。其中,簇状、柱状、油滴状对应 2.4 节二维空间的簇状,喉道状对应二维空间的喉道状,盲端状对应二维空间的角隅状。

聚驱后孔隙网络模型剩余油分布图如图 5-7 所示,剖面图如图 5-8 所示。

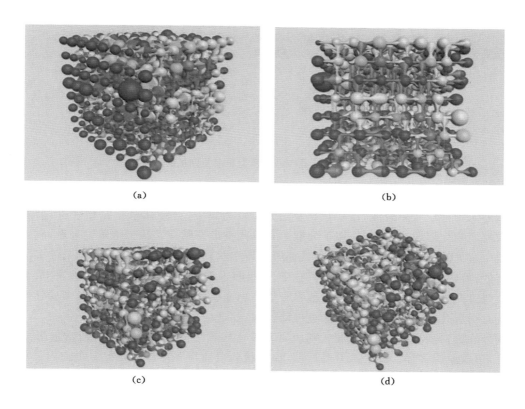

(a)　　　　　　　　　　　　　(b)

(c)　　　　　　　　　　　　　(d)

图 5-7　聚驱后孔隙网络模型剩余油分布图

由图 5-8 可以看出:

编号①为簇状剩余油,簇状剩余油分布于大片连通孔隙空间中,油簇体积很大,结构极为复杂,连通性较好。

编号②为喉道状剩余油,喉道状剩余油主要残留半径较小的喉道中,呈细长且弯曲的喉道形状。

编号③为柱状剩余油,柱状剩余油分布于多个连通孔隙中,形态结构比较复杂,油簇体积较大,连通性较好,是富集于注入水波及范围之内规模较大的剩余油簇,此类剩余油是高

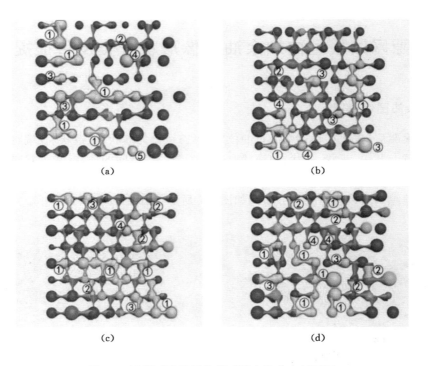

图 5-8　聚驱后孔隙网络模型剩余油分布剖面图

含水开采阶段前期剩余油的主要富集类型之一。

　　编号④为盲端状剩余油,盲端状剩余油分布较为集中,贯穿几个孔隙和吼道,多是由于复杂的流场变化形成,在水驱作用下分散后常以此类形态赋存。从二维角度来看,剩余油模拟试验中常见的角隅状、粒内状、粒间状都属于盲端状剩余油形态。角隅状剩余油多位于孔隙角落处;粒内状剩余油多分布在粒内孔中,若此处孔隙连通性较好,则可以被采出,否则注入水会绕过此类剩余油;粒间状剩余油多吸附在黏土矿物的表面,矿物含量较多易导致注入水驱替时引起孔隙通道堵塞,储层渗透性降低,从而造成剩余油滞留。

　　编号⑤为油滴状剩余油,油滴状剩余油为孤立状剩余油,分布较为离散,富集形态近似于圆形,形成原因多样。高含水开采后期,孤立状剩余油是一种常见分布模式。

5.3.2　剩余油图像分割

5.3.2.1　图像分割方法介绍

　　（1）传统图像分割方法

　　传统的图像分割算法大致可以分为以下几个类型:基于直方图阈值分割的图像分割算法;基于聚类方法的图像分割算法,如 k-means、模糊 C 均值聚类方法（FCM）及其改进算法、均值漂移 mean shift 及其改进算法等;基于边缘检测的图像分割方法;基于区域的图像分割算法;基于图论的方法,如最小生成树的图像分割模型 SE-MinCut、Normalized Cuts 和 Local Variation 等;支持向量机和早期的 BP 及其变种的人工神经网络等机器学习方法也常常被用于图像分割问题中,以提高图像分割的精度和性能。很多时候,这些分割方法会被综合起来运用。

（2）基于深度学习的图像分割方法

2006年，机器学习大师、多伦多大学教授 Geoffrey Hinton 及其学生 Ruslan 在世界顶级学术期刊 *Science* 上发表的一篇论文中提出了深度学习的概念。到 2012 年，其学生 A. Krizhevsky 等第一次将卷积神经网络应用于 ImageNet 大规模视觉识别挑战赛（ImageNet large scale visual recognition challenge，ILSVRC）中，所训练的深度卷积神经网络在 ILSVRC-2012 挑战赛中取得了图像分类任务和目标定位任务的第一名，并且错误率远远低于当时的第二名。从此，深度学习被越来越多的学者应用到自己的研究领域中，并在大数据、计算机视觉、图像、文字、语音等领域取得了很多成绩。

5.3.2.2　基于 DeepLab V3+的剩余油图像分割

本部分采用有监督学习方法，通过前文所述的深度神经网络 DeepLab 深度神经网络进行剩余油图像区域的识别和分割。原始图和分割图如图 5-9 所示。采用有监督学习方法的深度神经网络进行图像分割的步骤如下：

（1）分割目的

将剩余油图像中感兴趣的地方提取出来，做一个二类别的分割，将感兴趣的所有像素设置为前景，赋予像素 1，其他的所有像素为背景，赋予像素 0。

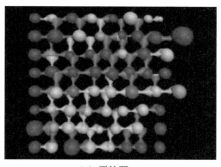 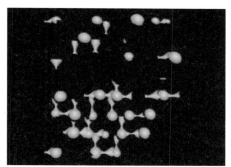

（a）原始图　　　　　　　　　　　　　　　（b）分割图

图 5-9　原始图和分割图

（2）标注并扩充训练数据

利用 photoshop 图像处理软件将原图中所有的黄色涂成一个颜色值 RGB(128,0,0)，然后数据扩充。因为图像的分割标注耗时较长，所以在本试验中只标注了 100 张原始的分割图，其中有 80 张用来做训练数据，10 张用来做验证集，10 张用来做测试集。因为训练深度学习模型需要大量的标注数据，所以这里采用了数据扩充的方法，其本质是缺少海量数据时可对原始标注的数据做一定的变换，生成新的一些数据，用这种方法来提高训练数据的数据量。图 5-10 所示是利用各种图像增强方法做的样例。

采用上述的变换方法，一张标注图可以生成 4 张增强后的数据图，所以总的训练数据的数据量达到了 400 张。

（3）训练

用 tensorflow 训练 DeepLab V3+模型比较方便，所以在本试验中采用了 tensorflow 深度学习框架；为了训练模型能够更好地收敛，采用了调优（fine tune）的方法进行网络参数的

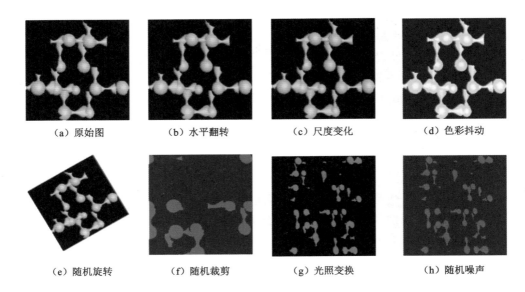

| （a）原始图 | （b）水平翻转 | （c）尺度变化 | （d）色彩抖动 |

| （e）随机旋转 | （f）随机裁剪 | （g）光照变换 | （h）随机噪声 |

图 5-10　图像增强样例

初始化，该初始化模型是在 Coco 上面训练得到的模型。网络训练的一些初始化参数如表 5-1 所示。

表 5-1　网络训练初始化参数

Mini-batch size（最小数据样本量）	16
Max_iter（最大迭代次数）	30 000
Lr_policy（学习率策略）	multistep 阶梯式学习模式
Stepvalue（阶梯步长/阶梯计算阈值）	4 000,8 000, 10 000
Initial learning rate（初始学习速率）	0.025
Weight decay（权重衰减值）	0.005
Gamma（常数因子）	0.5

（4）测试结果及分析

模型训练好之后，把测试集的 10 张图输入模型，输出 10 张对应的结果图，在结果图中，前景部分同样赋予标记时候的颜色值 RGB(128,0,0)，分割结果图如图 5-11 所示：

交并比(Intersection-over-Union,IoU)，是可以用来评价目标分割准确率的一个指标，它是产生的预测像素与真实标记像素的交集，除以预测像素和真实标记像素的并集，得到的一个交叠率。最理想情况是完全重叠，即比值为 1。经过测试，该试验训练得到的 DeepLab V3 模型的 IoU 为 0.95。

5.3.3　连通域提取

运用连通域提取算法，找到前面图像分割图中的每一个连通域，然后从原图中把找到的连通域裁剪出来，保存成新的图，这些新的图将作为剩余油分类模型的输入。

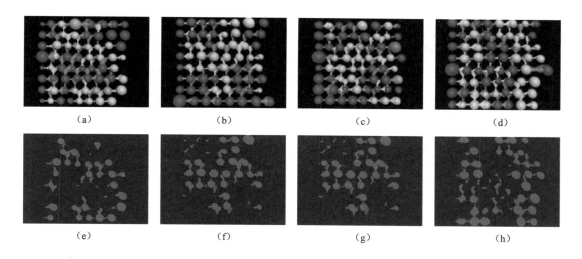

(a)　　　　　　(b)　　　　　　(c)　　　　　　(d)

(e)　　　　　　(f)　　　　　　(g)　　　　　　(h)

图 5-11　分割结果图示例

（1）连通域概念

连通域（Connected Component）一般是指由图像块中具有相同像素值的且在位置上相邻的一组图像块组成的图像区域。连通域提取就是通过算法找到图像块中的这样一些局域的过程，它是图像处理工作中经常用到的一个预处理过程。

（2）连通域提取算法

通过算法，在图像像素矩阵中查找连通域，并对每一个找到的连通域赋予唯一的表示的过程，叫连通域提取。查找连通域的方法有很多，这些方法叫作连通域提取算法，常用的算法是基于图的深度优先搜索算法。

（3）基于深度优先搜索的连通域标记算法

深度优先搜索算法就是从图像的第一个像素开始遍历，选取一个需要标记的像素点作为种子点，找到与种子点相连通的下一个像素点，然后再从该下一个像素点开始，继续查找；如此不断循环，直到找不到下一个像素；如此不断循环，直到把整幅图都遍历一遍，这幅图上面所有的连通域就都可以被标记出来了。

下面以一个详细的例子来说明深度优先搜索提取连通域的过程。在图 5-12 中，一共有三块连通域（1，2，3），现在需要找出这张图中的所有的连通域，直观上，首先肯定需要把图像中的每一个像素从头到尾遍历一遍，遍历的同时，要不停地判断该像素点的值是否在当前要找的连通域中。

从左到右，从上到下遍历每一个像素点，判断该像素点的值是否在集合 V 中（也就是该像素的值是否为非 0），这里我们假定要研究的图是一张灰度图，像素值为 0 的像素点不用考虑。

如果遇到了一个像素值不为 0 的点（在上图中为第 2 行第 5 个像素点 p[1][4]），那么我们就暂时停止遍历，开始把该点作为种子点，给他赋值一个标签，或者把该像素点的位置记录下来，并标记它为已访问的像素，查找该点附近的邻域（一般是四邻域）中是否存在与其像素值相等的像素点，若与种子点像素值相等，则他们是连通的，将该像素点存到一个堆栈中，并对访问过的像素点置一个标志，这样可以避免后面对其重复访问。若以图 5-12 为例，

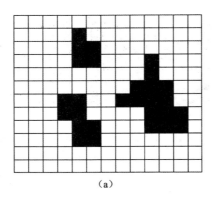 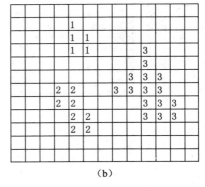

（a）   （b）

图 5-12　连通域图

查看 p[1][4] 的四邻域（p[1][3]、p[0][4]、p[1][5]、p[2][4]）的值是否也为 1，很明显，只有 p[2][4] 的值为 1，说明 p[1][4] 和 p[2][4] 在同一个连通成分中，即可把 p[2][4] 的位置压入一个堆栈中。

那么我们接下来就从堆栈中取出点 p[2][4]，以它为种子节点，给他赋值一个标签，或者把该像素点的位置记录下来，查找它周围的四邻域像素值，这时可以发现 p[2][5] 和 p[3][4] 都与 p[2][4] 相连通，则依次把这两个点压入堆栈中。

接着，继续从堆栈中取出点，给他赋值一个标签，或者把该像素点的位置记录下来，以这个点为种子节点，遍历该点的四邻域，找到、则加入堆栈中；如此循环，直到堆栈变为空，则说明已经遍历完了所有的与初始点 p[1][3] 相连通的像素。对标签 label 加 1，以便对后面的连通成分标签和该连通成分标签加以区分。

接下来就继续回到之前的从左到右、从上到下的遍历工作，开始从点 p[1][5] 开始，接着访问后面的点，这时，会访问到不为 0 的像素 p[2][4]，这个点我们之前访问过的，其访问标志已经被设置为 1 了，所以不再对其访问，直接跳过。

当访问到一个新的在集合 V 内的像素点时，同样以该点为种子点，进行上面的遍历、标记和访问，直到标记和记录完整个连通域，则对标签 label1 再加 1，然后再继续后面的遍历。如此循环往复，直到访问完最后一个像素点，该图像上的所有的连通域就都被找到。

（4）基于启发式搜索的三维连通域提取

根据连通域的定义可以合理认为，三维连通域指由三维数据体区域中具有相同的像素值而且在位置上相邻的一组体素组成的连续区域。由于三维数据体的空间复杂度较二维图像数据大大增加，简单的深度优先搜索或宽度优先搜索都不能在可接受的复杂度以内有效地返回结果。若令算法在搜索当前数据点的邻近数据时，能够根据一定的启发式信息进行决策，则可有效提升算法的运行效率。

基于启发信息的启发式搜索的步骤如下：

① 首先生成一个只包含起始点 S 的搜索图结构，开辟两段内存空间分别作为 OPEN 列表和 CLOSED 列表，OPEN 列表用于存放待遍历数据点，CLOSED 列表用于存储已经访问过的数据点。

② 若 OPEN 列表为空，算法中止。

③ 选择 OPEN 列表上的第一个数据点,将其从 OPEN 列表移动到 CLOSED 列表。若算法已经循环了 t 次,那么将这一步选择的数据点记为点 t。

④ 扩展数据点 t,将其邻近节点添加进搜索图结构中。在算法搜索过程中,始终保持搜索图的有向图结构。因此若数据点 t 的某个邻近点为算法上一轮迭代所选择的数据点,则该邻近点作为数据点 t 的前继点,其他邻近点作为数据点 t 的后继点,并分别建立指向数据点 t 的指针。对于已在 OPEN 列表里的后继点,如果目前为止找到的到达相应点的最优解包含 t,则将其前继指针指向 t。对于已在 CLOSED 列表里的后继点,重定向其在搜索图结构中的每一个后继点,以使它们以到目前为止发现的最优解代价指向它们的前继点。

⑤ 记自起始点到点 t 所产生的实际代价与点 t 到欲求得解的预计剩余代价之和为 f,按照 f 值递增顺序,对 OPEN 列表中的点进行重新排序。

⑥ 返回第②步。

记待搜索的三维数据区域为 V,搜索起始点记为 S,其在 V 上的坐标记为 (x_0, y_0, z_0);在算法的第 t 轮迭代中,记 $g(V(x_t, y_t, z_t))$ 为算法从起始点 $V(x_0, y_0, z_0)$ 到点 $V(x_t, y_t, z_t)$ 所花费的代价,记 $h(V(x_t, y_t, z_t))$ 为算法自点 $V(x_t, y_t, z_t)$ 到完成搜索的预计剩余代价,又叫作启发因子;记 $c((t-1), t)$ 为算法从第 $t-1$ 步迭代到第 t 步所产生的代价。

若对 $h(V(x_t, y_t, z_t))$ 作一定的约束,即可接纳性约束:$v(V(x_t, y_t, z_t))$ 不大于点 VV (x_t, y_t, z_t) 的实际剩余代价;单调性约束:$h(VV(x_{t-1}, y_{t-1}, z_{t-1})) - h(VV(x_t, y_t, z_t)) \leqslant c((t-1), t)$。

可以证明,在满足上述约束的情况下,基于启发式搜索的算法一定能够成功结束且仅能结束在最优解上。结合多线程技术与并发技术,利用分治法合理划分待搜索区域,可以进一步提升算法的运行效率。

比较启发式搜索与上文所述的深度优先算法,可以发现启发式搜索算法有两个优点:搜索效率高,容错性强。因此算法对于完全信息下的模糊搜索与模糊匹配、不完全信息下的精确搜索以及完全信息下的容错搜索有着较好的运行结果。对于剩余油图像块/体积成像块的分割和识别任务来说,几个像素/体素以内的误差对图像/成像形态的影响可以忽略不计,是可以允许的。

5.3.4　基于 MobileNet 的剩余油图像分类

5.3.4.1　MobileNet 简介

用传统的卷积神经网络模型能够得到比较好的结果,但同时模型的参数量比较大,在 CPU 等硬件上面运算比较慢,所以人们开始研究运算速度更快、模型更小,同时精度又不会太下降的深度学习模型,Howard 于 2017 提出了 MobileNet V1 模型,该模型可以大幅度降低参数量和计算量,同时在分类任务中取得了很好的结果。Sandler 于 2018 年提出了 MobileNet V2 网络结构,改模型架构基于倒置残差结构(inverted residual structure),处于多个任务和基准的 State-of-the-art 水平。

(1) MobileNet V1 原理

MobileNet V1 使用了一种称为深度可分离卷积(deep-wise separable convolution)的卷积方式来替代传统卷积操作,该卷积方式可以减少传统卷积所产生的冗余表达,明显减少计算量和模型参数量,因而该网络结构可以被应用于其他移动端平台。

对于标注的卷积,当输入特征图是 $D_F \times D_F \times M$,输出特征图是 $D_F \times D_F \times N$ 时,使用 $D_K \times D_K$ 大小的卷积核进行卷积,如图 5-13(a)所示,那么模型的计算量 C_1 是:

$$C_1 = D_K \times D_K \times N \times M \times D_F \times D_F$$

其中 M 为输入的通道数,D_K 为卷积核的宽和高,D_F 为输出的宽和高,N 为输出特征图的通道数。

在 MobileNet V1 中,会先使用 deep-wise 深度式卷积的卷积核对输入特征图 $D_F \times D_F \times M$ 进行卷积,得到 M 个特征图层,然后使用 N 个 1×1 卷积核来处理之前输出得到的 M 个特征图层,具体卷积示意图如图 5-13(b)和图 5-13(c)所示。

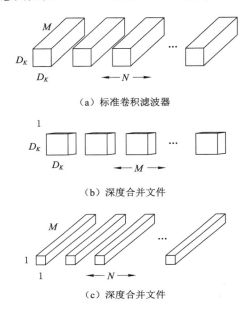

(a)标准卷积滤波器

(b)深度合并文件

(c)深度合并文件

图 5-13　标准卷积和深度可分离卷积示意图

对于图 5-13(b),根据前面的计算方式,输入特征图大小是 $D_F \times D_F \times M$,输出特征图大小是 $D_F \times D_F \times M$,卷积核的大小是 $D_K \times D_K$,由于使用了可分离卷积,所以其计算量 C_2 为:

$$C_2 = D_K \times D_K \times M \times D_F \times D_F$$

对于图 5-13(c),输入特征图大小是 $D_F \times D_F \times M$,输出特征图大小是 $D_F \times D_F \times N$,卷积核的大小是 1×1,所以,其卷积核的计算量 C_3 为:

$$C_3 = N \times M \times D_F \times D_F$$

因此这种组合方式的计算量 C_4 为:

$$C_4 = D_K \times D_K \times M \times D_F \times D_F + N \times M \times D_F \times D_F$$

因此,深度可分离卷积(deep-wise separable convolution)方式的卷积相比传统卷积计算量 C_4/C_1 为:

$$C_4/C_1 = \frac{D_K \times D_K \times M \times D_F \times D_F + N \times M \times D_F \times D_F}{D_K \times D_K \times N \times M \times D_F \times D_F} = \frac{D_K \times D_K + N}{D_K \times D_K \times N}$$

通常,卷积核大小 $D_K \times D_K$ 一般取 3×3,所以深度可分离卷积的计算量一般是传统卷积运算量的 $1/9$。

MobileNet V1 主体结构如表 5-2 所示,其中第一个卷积层为传统的卷积,前面的卷积层均有 bn 数据标准化层和 relu,最后一个全连接层只有 bn 数据标准化层无 relu。

表 5-2　MobileNet 主体结构

类型/步长	各层规格	输出结果格式
Conv/s2 卷积层	3×3×3×32	224×224×3
Conv dw/s1 卷积核	3×3×32 dw 深度式卷积核	112×112×32
Conv/s1 卷积层	1×1×32×64	112×112×32
Conv dw/s2 卷积核	3×3×64 dw 深度式卷积核	112×112×64
Conv/s1 卷积层	1×1×64×128	56×56×64
Conv dw/s1 卷积核	3×3×128 dw 深度式卷积核	56×56×128
Conv/s1 卷积层	1×1×128×128	56×56×128
Conv dw/s2 卷积核	3×3×128 dw 深度式卷积核	56×56×128
Conv/s1 卷积层	1×1×128×256	28×28×128
Conv dw/s1 卷积核	3×3×256 dw 深度式卷积核	28×28×256
Conv/s1 卷积层	1×1×256×256	28×28×256
Conv dw/s2 卷积核	3×3×256 dw 深度式卷积核	28×28×256
Conv/s1 卷积层	1×1×256×512	14×14×256
5×Conv dw/s1	3×3×512 dw 深度式卷积核	14×14×512
5×Conv/s1	1×1×512×512	14×14×512
Conv dw/s2 卷积核	3×3×512 dw 深度式卷积核	14×14×512
Conv/s1 卷积层	1×1×512×1024	7×7×512
Conv dw/s2 卷积核	3×3×1024 dw 深度式卷积核	7×7×1024
Conv/s1 卷积层	1×1×1024×1024	7×7×1024
Avg Pool/s1 平均池	Pool 7×7 池化规格	7×7×1024
FC/s1 全连接神经层	1024×1000	1×1×1024
Softmax	Classifier 分类器(1 或 0)	1×1000

（2）MobileNet V2 原理

MobileNet V2 的主要结构,是在 MobileNet V1 提出的深度可分离卷积同时,结合了 resnet 的残差结构,从而提出了 Inverterd residuals 和 Linear bottlenecks。

Inverted residuals:MobileNet V2 开始利用 Residual Connection 这种结构,因为这种结构通常情况下较好,但是如果使用如 resnet 中的传统的 Residual Connection 这种结构,即先压缩,再卷积提特征。这是因为本来深度可分离卷积已经做了参数的压缩,如果在之前又对输入特征图层进行压缩,会导致可提取的特征太少。于是 MobileNet V2 反其道而行,一开始先用 1×1 扩张通道数,再接一个深度可分离卷积,然后用 1×1 卷积来降低通道数。总结而言,residual block 是先压缩,再卷积提特征,然后扩张,而 MobileNet V2 是先扩张,再卷积提特征,然后再压缩,因此称为 Inverted residuals。这两者结构如图 5-14 所示。

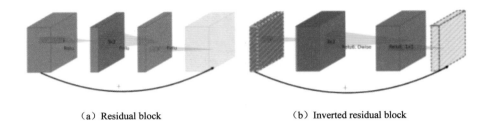

（a）Residual block   （b）Inverted residual block

图 5-14　Residual block 和 Inverterd residual block 的对比

Linear bottlenecks:在试验中发现,在深度可分离卷积之后,如果使用 Relu 或者 Relu6 作为激活函数,效果会变差,所以在 MobileNet V2 结构中,所有的深度可分离卷积都不采用 Relu 作为激活函数,而是直接用了一个 Linear 函数作为激活函数。MobileNet V1 和 MobileNet V2 结构块对比如图 5-15 所示。

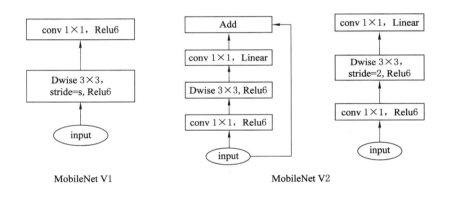

MobileNet V1   MobileNet V2

图 5-15　MobileNet V1 和 MobileNet V2 结构块对比

5.3.4.2　运用 MobileNet V1 和 MobileNet V2 进行剩余油图像分类

本部分采用有监督学习方法,通过上节所述的深度神经网络 MobileNet 进行剩余油图像块的分类识别。采用有监督学习方法的深度神经网络进行图像分类的步骤如下:

（1）标记训练数据

把上面所有切出来的模块,按照油状类型的不同,分放到不同的文件夹(图 5-16)里面去。最终确定的类别是 5 类,分别是"簇状""喉道状""盲端状""膜状""油滴状"。每个类别包含的图片数目不一样,其中簇状最少,有 233 个,膜状最多,有 1 759 个,具体数据如表 5-3 所示。

簇状　　　　　喉道状　　　　　盲端状　　　　　膜状　　　　　油滴状

图 5-16　剩余油类型文件夹

表 5-3　每个类别包含的图片数目

类别	个数
簇状	233
喉道状	1 549
盲端状	1 185
膜状	1 759
油滴状	1 629

在该试验中,为了产生更多的训练数据,提高模型的效果,这一阶段也采用了数据扩充的方法来完善数据质量,方法包括翻转、旋转、尺度变换、随机抠取、色彩抖动、Fancy PCA、监督式抠取、GAN 生成等。本试验中主要使用了水平翻转、随机旋转、分辨率变化、色彩抖动这四种数据扩充的方法。

（2）训练模型

因为 Caffe 是一款十分知名的深度学习框架,2013 年由加州大学伯克利分校的贾扬清博士在 Github 开源分享社区上发布。从那时起,Caffe 在研究界和工业界都受到了极大的关注。Caffe 的使用比较简单,代码易于扩展,运行速度得到了工业界的认可,同时还有十分成熟的社区。所以本书的训练采用的是 Caffe 作为深度学习的训练框架。训练参数设置如表 5-4 所示,基础学习率为 0.01,学习策略为 poly 方法,该方法会使学习率随着训练的进行不断减小。

表 5-4　训练参数设置

最小数据样本量	16
Max_iter（最大迭代数）	30 000
Lr_policy（学习率策略）	multistep 阶梯式学习模式
Stepvalue（阶梯步长/阶梯计算阈值）	4 000,8 000,10 000
Initial learning rate（初始学习速率）	0.025
Weight decay（权重衰减值）	0.005
Gamma（常数因子）	0.5

（3）试验结果分析

目前，学术界已有的分类算法不计其数，不同的分类算法其性能不尽相同。当使用这些分类算法构建模型时，也需要相关指标来评估该模型。一个好的评价标准有利于我们选择最适合当前模型的分类算法，并对今后算法优化提供了良好的思路。下面，我们介绍分类算法常用的评价标准。

① 常用术语

首先我们介绍一下模型评价中几个常见的术语。如果分类目标分为正例（positive）和负例（negative）两类，那么在分类问题中，一个实例可以被判定为 True positive（TP）、True negative（TN）、False negative（FN）、False positive（FP）这四类中的一种，具体定义如下：

TP 表示被模型正确地预测为正例样本，称为从，也就是本身是正例且被模型判定为正例的样本数。

TN 表示被模型正确地预测为负例样本，称为真负类，也就是本身是负例且模型判定为负例的样本数。

FN 表示被模型错误地预测为负例样本，称为假负类，也就是本身是正例但被模型判定为负例的样本数。

FP 表示被模型错误地预测为正例样本，称为假正类，也就是本身是负例但模型判定为正例的样本数。

混淆矩阵如表 5-5 所示。

表 5-5　混淆矩阵

实际类别		预测类别		
		正	负	总计
	正	TP 例样本	FN 假负类	P（实际为正）
	负	FP 假正类	TN 真负类	N（实际为负）
	总计	P′（被分为正）	N′（被分为负）	P＋N

表 5-5 是 TP、TN、FN、FP 的混淆矩阵。需要注意的是，实际为正例与被模型分类为正例是两个不同的概念，如 TP＋FN 表示实际为正例的样本个数，即 P，并不完全等同于 TP＋FP（被模型分类为正例的样本个数）。矩阵中 Positive 正和 Negative 负表示分类模型判定的结果，而 True 和 False 表示分类模型判定的结果是否正确，因此正、负、正确、错误均是从分类模型的角度来谈的。如果想探究实例本身的正负性，可以将分类模型判定为正例的 Positive 记为 1（P＝1）、负例 Negative 记为 -1（N ＝-1），判定结果 True 用 1 表示，False 用 -1 表示，那么实际的类标就为 T 或 F 乘以 P 或 N 的结果值正负来判断。即 TP 为 $1*1=1$，则其实际类标为正例；FP 为 $(-1)*1=-1$，则其实际类标为负例；FN 为 $(-1)*(-1)=1$，则其实际类标为正例，TN 为 $1*(-1)=-1$，则其实际类标为负例。

② 评价指标

这里介绍几个重要的指标：

a. 正确率（Accuracy）

正确率又可以称为准确率，表示对整个样本集的判定能力，换句话说是将正例判定为正、负例判定为负的能力,也就是用被判定对了的样本总数除以样本总数。其表达式 Accuracy＝(TP＋TN)/(P＋N)。正确率是我们最常见的评价指标,一般来说,正确率越高的模型分类性能就越好。

b. 错误率(Error Rate)

错误率与正确率相反,两者为互斥事件,其表达式为 Error Rate ＝(FP＋FN)/(P＋N),表示模型分类的样本比例。

c. 灵敏度(Sensitivity)

灵敏度表示模型将正例样本预测为正例的能力,即模型分类器对正例的识别能力,也就是所有正例中被分类正确的比例,其表达式为 Sensitivity＝TP/(TP＋FN)。

d. 特效度(Specificity)

特效度又称特异度,表示模型将负例样本预测为负例的能力,即模型分类器对负例的识别能力,也就是所有负例中被分类正确的比例,其表达式为 Specificity ＝ TN/(TN＋FP)。

e. 精度(Precision)

精度又称为精确度,表示模型预测为正例的样本中有多少是正确的,其表达式为 Precision＝TP/(TP＋FP)。

f. 召回率(Recall)

召回率针对的是原来的样本,表示样本中的正例有多少被模型预测正确,其表达式为 Recall＝TP/(TP＋FN),从公式可以看出,实际上召回率和灵敏度是一样的。

对模型分类器来说,要想同时提高上面介绍的所有指标是不可能的,目前还没有分类器能做到把所有的样本分类正确,使得各个性能指标都达到最优。一般情况下,我们主要通过正确率的大小来评判一个分类算法的好坏。

③ MobileNet V1 和 MobileNet V2 模型分类结果:

在本试验中,主要统计了总的正确率和每个类别的正确率,统计结果见表5-6。

表 5-6　MobileNet V1 和 MobileNet V2 结果对比图

模型	MobileNet V1	MobileNet V2
正确率	0.901 408	0.912 363

5.3.5　模型改进及效果对比

5.3.5.1　SENet 简介

2017 年,Momenta 胡杰团队提出的一种新的用于分类的网络结构 Squeeze-and-Excitation Networks(SENet)。该网络结构在 ImageNet2017 比赛中的 Image Classification 任务中获得冠军,它将 ImageNet 数据集上的错误率从以前最好成绩的 2.991% 降低到了 2.251%,取得了非常不错的效果。本试验准备利用 SENet 网络结构的优点,对 MobileNet V2 的网络模型进行改进,将改进后的网络应用于剩余油的分类。

SENet 的核心思想在于通过训练来学习每一层特征映射特征矩阵的权重,从而使得层和层链接时,有效的特征映射获得比较大的权重,而无效或不太重要的特征映射特征矩阵获得比较少的权重,通过这一策略,达到提高网络精度的目的。SENet 中最重要的是 SE 模块,该模块包括两部分,分别是 Squeeze 模块与 Excitation 模块,如图 5-17 所示。Squeeze 模块通过全局平均池化平均池将上一层的特征映射特征矩阵生成 C 维的一个向量,其中 C 表示特征映射特征矩阵通道数:

$$zk = F_{sq}(uk) = (i, j), \quad k = 1, 2, 3, \cdots, C \tag{5-6}$$

式中 uk ——第 k 个通道的特征映射特征矩阵。

Excitation 模块是一组全连接层,它将前面 Squeeze 产生的一个 C 维向量,通过"FC 压缩＋FC 拉伸＋Sigmod 归一化"操作,得到最终特征映射重要性描述子 S:

$$S = F_{ex}(z, W) + \sigma(g(z, W)) = \sigma(W_2 \sigma(W_1 z)) \tag{5-7}$$

式中 σ —— Relu 函数。

最后,输入的特征图和 SE 模块得到的重要性描述子 S 相乘,最终实现 SE 模块的输出。

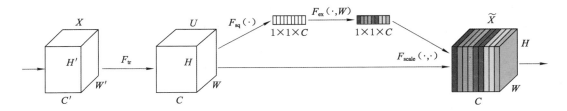

图 5-17　SE block 结构

由前面的介绍可以知道,SE 模块可以比较方便地嵌入其他的神经网络模块中,同时 SE 模块可以让输入特征图层的重要性以权重的形式学习出来。对于 MobileNet V2 网络,我们将每一个 SE 模块放在 1×1 卷积"扩张"层后面,改进模块如图 5-18 所示。

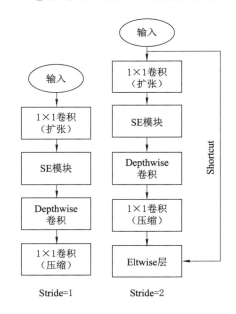

图 5-18　SE-MobileNet V2 网络模块

MobileNet V1 和 MobileNet V2 一样,改进模型的训练也是用 Caffe 作为深度学习的训练框架,同时是用公开的 MobileNet V2 模型作为初始化网络参数的模型,其他训练参数也和 MobileNet 训练模型的参数保持一致。在经过 10 万次迭代后,模型训练停止。

5.3.5.2　改进效果分析

为了充分对比改进的模型、MobileNet V1 和 MobileNet V2 模型,本试验结果选取了三个模型总的正确率和每个类别的精度和召回率作为评价因子,分别进行了统计。统计结果如表 5-7 所示。

表 5-7　MobileNet V1 敏捷神经网络一型,

MobileNet V2 敏捷神经网络二型和 SE-MobileNet V2 征强化网络二型(Ours)结果对比

类别	V1 精度	V2 精度	Ours 实测精度	V1 召回率	V2 召回率	Ours 实测召回率
簇状	0.589 041	0.619 718	0.642 857	0.934 783	0.956 522	0.978 261
喉道状	0.824 841	0.872 131	0.876 623	0.835 484	0.858 065	0.870 968
盲端状	0.873 239	0.850 427	0.873 362	0.784 810	0.839 662	0.843 882
膜状	0.980 282	0.991 354	0.985 673	0.969 359	0.958 217	0.958 217
油滴状	0.906 566	0.910 714	0.978 261	0.965 054	0.959 677	0.966 258

从结果表 5-7 中可以看出,改进后的 SE-MobileNet V2 模型在精度和召回率指标上面,对每一个类别都取得了最好的稳定的结果。对于簇状类别的精度,可以从 MobileNet V1 的 0.589 提高到 0.642,同样召回率也可以从 MobileNet V1 的 0.934 提高到 0.978。对于油滴状的类别,MobileNet V1 和 MobileNet V2 的精度分别是 0.906 和 0.910,而 SE-MobileNet V2 的精度是 0.978;而三个模型油滴状的召回率分别是 0.965、0.959、0.966。

从结果表 5-8 中可以看出,对于正确率,虽然 MobileNet V2 的模型结果已经比 MobileNet V1 的模型结果要好很多,但是改进的 MobileNet V2 模型比 MobileNet V2 模型结果更好,可以达到 91.8%,能取得更好的正确率。

表 5-8　MobileNet V1、MobileNet V2 和 SENet 正确率对比

模型	MobileNet V1	Mobilenetv2	SENet
正确率	0.901	0.912	0.918

5.3.6　剩余油分布计算程序框图

通过连通域提取,可以从整张图上面提取每一块剩余油区域,同时可以确定该区域占整个图像的加权比例,该比例代表当前块剩余油区域的含油饱和度;然后把该区域图像传送到剩余油分类模型中,模型判定并输出该剩余油区域所属的类别,并将其记录在一个表数据结构中。循环执行这一系列的计算,最终进行统计即可得到一整张剩余油图像以及每一类别的剩余油在整张图像中各自的比例。该程序的运行框图如图 5-19 所示。

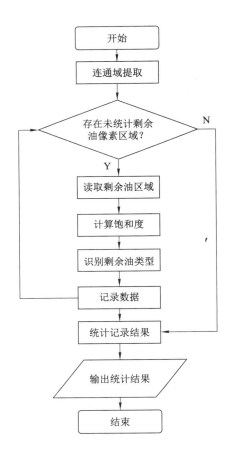

图 5-19   剩余油分布计算程序的运行框图

5.4   CT 成像技术与孔隙网络模型剩余油分布对比

为了说明数字岩心孔隙网络模型的应用方法,兼验证本书提出的孔隙网络模型的正确性,本章以对实际岩心进行的一系列驱油试验得到的 CT 扫描重建结果(下文简称扫描岩心)为基础,运用数字孔隙网络模型方法,参照物理模拟试验参数在数字化网络孔隙模型中进行了模拟,并对两者的结果进行对比。

为了对比不同驱油体系在扫描岩心模型与数字岩心模型中驱油效果的差异,笔者在5.4.1节设计了 12 种不同的试验方案,设置了 4 种渗透率体系和 3 种驱油方式,如表 5-9 所示。在数字化网络模型程序中输入与相应驱油体系等效的模拟参数。

5.4.1   试验方案

对比不同驱油体系对扫描岩心与数字岩心驱油效果差异的试验方案见表 5-9。

表 5-9　不同驱油体系驱油试验方案

方案	有效渗透率/mD	孔隙度/%	体系黏度/(mPa·s)	驱油方式	最终采收率/%	剩余油饱和度/%
1	284.00	20.41	0.6	水驱至 98%（下文简称水驱）	45.20	53.07
2	502.40	23.21	0.6		46.01	51.87
3	280.00	20.44	40.2	水驱至 92%＋聚驱 0.5PV＋后续水驱 98%（下文简称聚驱）	61.88	44.27
4	482.20	22.92	40.2		63.98	42.65

物理模拟试验步骤为：

① 取天然岩心，称干重，抽真空饱和水两小时，称湿重，计算饱和水量，再计算岩心孔隙度，放在 45 ℃恒温箱静置 12 h 以上。

② 第二天，以 3 个不同驱替速度向静置一段时间后的岩心中注入过滤之后的原始地层污水，并记录每个驱替速度下的对应压力，依据达西定律，计算岩心的水测渗透率。

③ 岩心放置在 45 ℃恒温箱中三天以后，以相同速度向岩心中注入模拟油，并实时记录注入端压力变化，直到出口端产水量不在增加时结束，根据最终产水量计算得到岩心的含油饱和度。

④ 第五天，向岩心中注入过滤后的污水进行水驱，驱油速度为 0.1 mL/min，并实时记录压力变化，并记录出口端产油量和产水量，水驱含水率上升至 92%时停止。

⑤ 注入聚合物 0.5PV。

⑥ 后续水驱至含水率达到 98%时停止。

⑦ 对岩心进行 CT 扫描并识别图像，并计算各阶段采收率以及最终采收率。

数字化网络模型模拟步骤为：

① 根据设计的孔隙参数，生成数字孔隙网络模型。

② 根据设计的含油饱和度，在模型中随机生成油水的初始分布。

③ 保存以上步骤生成的含油孔隙网络模型以便重复调用。

④ 根据设计的试验方案和参数，分别执行模拟水驱子例程、模拟聚驱子例程。

⑤ 计算各阶段采收率以及最终采收率，并保存模型各阶段油水分布以及最终油水分布数据。

5.4.2　试验结果对比

（1）水驱剩余油对比

图 5-20 给出了 300 mD 扫描岩心水驱剩余油分布图像。图 5-21 给出了 300 mD 数字岩心水驱剩余油分布图像。表 5-10 给出了 300 mD 扫描岩心与数字岩心水驱剩余油饱和度统计结果对比。

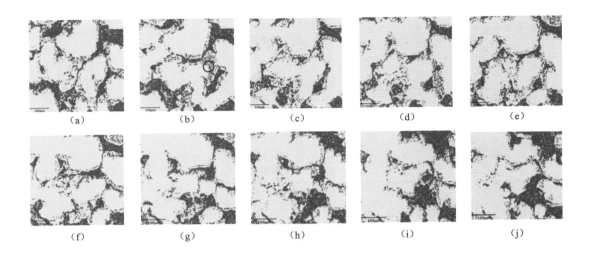

图 5-20　300 mD 扫描岩心水驱剩余油分布图像

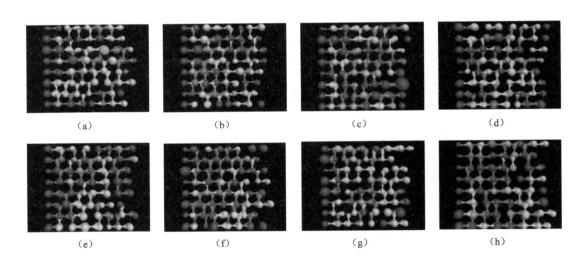

图 5-21　300 mD 数字岩心水驱剩余油分布图像

表 5-10　300 mD 扫描岩心和数字岩心水驱剩余油饱和度统计结果对比

300 mD 水驱	剩余油饱和度/%					
	识别总量①	簇状	盲端状	柱状	其他	计算总量②
扫描岩心	53.07	42.11	6.72	3.18	4.26	56.27
数字岩心	54.10	43.51	6.92	3.14	4.20	57.77

①表示利用图像分析系统/深度学习神经网络对图像整体进行识别得到的结果，下同；

②表示各类型剩余油饱和度的代数和，下同。

300 mD 扫描岩心水驱剩余油识别总量为 53.07%,其中簇状剩余油饱和度为 42.11%,盲端状剩余油饱和度为 6.72%,柱状剩余油饱和度为 3.18%,其他剩余油饱和度为 4.26%,各类型剩余油饱和度代数和与识别总量的相对误差为 6.03%。

300 mD 数字岩心水驱剩余油识别总量为 54.10%,其中簇状剩余油饱和度为 43.51%,与扫描岩心数据绝对误差 1.40,相对误差 3.33%;盲端状剩余油饱和度为 6.92%,与扫描岩心数据绝对误差 0.20,相对误差 2.98%;柱状剩余油饱和度为 3.14%,与扫描岩心数据绝对误差为 −0.04,相对误差为 −1.35%;其他剩余油饱和度为 4.20%,与扫描岩心数据绝对误差为 −0.06,相对误差为 −1.44%。各类型剩余油饱和度代数和与识别总量的相对误差为 6.77%。

图 5-22 给出了 500 mD 扫描岩心水驱剩余油分布图像。图 5-23 给出了 500 mD 数字岩心水驱剩余油分布图像。表 5-11 给出了 500 mD 扫描岩心与数字岩心水驱剩余油饱和度统计结果对比。

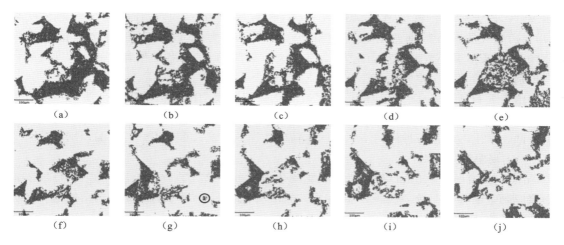

图 5-22　500 mD 扫描岩心水驱剩余油分布图像

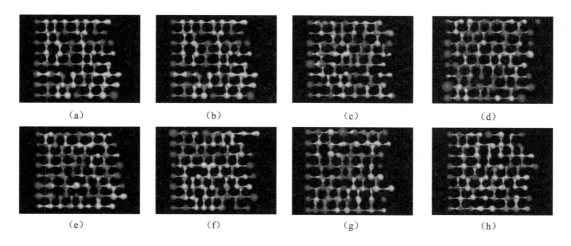

图 5-23　500 mD 数字岩心水驱剩余油分布图像

表 5-11　500 mD 扫描岩心与数字岩心水驱剩余油饱和度统计结果对比

500 mD 水驱	剩余油饱和度/%					
	识别总量	簇状	盲端状	柱状	其他	计算总量
扫描岩心	51.87	37.96	9.84	3.48	4.08	55.36
数字岩心	56.93	38.98	10.39	3.49	4.40	57.26

　　500 mD 扫描岩心水驱剩余油饱和度识别总量为 51.87%，其中簇状剩余油饱和度为 37.96%，盲端状剩余油饱和度为 9.84%，柱状剩余油饱和度为 3.48%，其他剩余油饱和度为 4.08%，各类型剩余油饱和度代数和与识别总量的相对误差为 6.73%。

　　500 mD 数字岩心水驱剩余油饱和度识别总量为 56.93%，其中簇状剩余油饱和度为 38.98%，与天然岩心数据绝对误差为 1.02，相对误差为 2.70%；盲端状剩余油饱和度为 10.39%，与天然岩心数据绝对误差为 0.55，相对误差为 5.59%；柱状剩余油饱和度为 3.49%，与天然岩心数据绝对误差为 0.01，相对误差为 0.17%；其他剩余油饱和度为 4.40%，与天然岩心数据绝对误差为 0.32，相对误差为 7.86%；各类型剩余油饱和度代数和与识别总量的相对误差为 0.59%。

　　由表 5-11 至表 5-13 可以看出，数字岩心孔隙网络模型的模拟水驱剩余油饱和度与实际试验相近。两者结果的绝对误差主要源于簇状和柱状剩余油，相对误差主要源于盲端状剩余油。产生的误差与神经网络本身的非精确性导致的像素重复识别与遗漏识别有关。

　　（2）聚驱剩余油对比

　　图 5-24 给出了 300 mD 扫描岩心聚驱剩余油分布图像。图 5-25 给出了 300 mD 数字岩心聚驱剩余油分布图像。表 5-12 给出了 300 mD 扫描岩心与数字岩心聚驱剩余油饱和度统计结果对比。

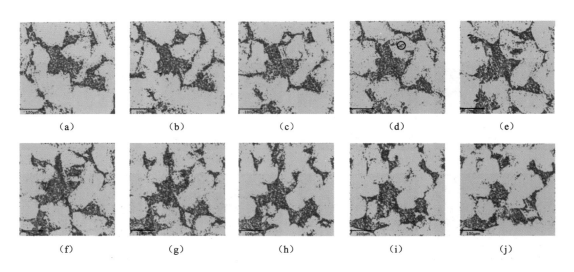

（a）　　　　　（b）　　　　　（c）　　　　　（d）　　　　　（e）

（f）　　　　　（g）　　　　　（h）　　　　　（i）　　　　　（j）

图 5-24　300 mD 扫描岩心聚驱剩余油分布图像

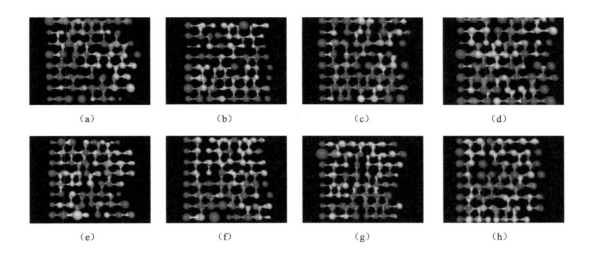

图 5-25　300 mD 数字岩心聚驱剩余油分布图像

表 5-12　300 mD 扫描岩心与数字岩心聚驱剩余油饱和度统计结果对比

300 mD 聚驱	剩余油饱和度/%					
	识别总量	簇状	盲端状	柱状	其他	计算总量
扫描岩心	44.27	34.50	5.70	4.22	4.08	48.50
数字岩心	47.14	32.43	5.80	4.37	4.17	46.76

　　300 mD 扫描岩心聚驱剩余油饱和度识别总量为 44.27%,其中簇状剩余油饱和度为 34.50%,盲端状剩余油饱和度为 5.70%,柱状剩余油饱和度为 4.22%,其他剩余油饱和度为 4.08%,各类型剩余油饱和度代数和与识别总量的相对误差为 9.56%。

　　300 mD 数字岩心聚驱剩余油饱和度识别总量为 47.14%,其中簇状剩余油饱和度为 32.43%,与天然岩心数据绝对误差为 -2.07,相对误差为 -6.01%;盲端状剩余油饱和度为 5.80%,与天然岩心数据绝对误差为 0.10,相对误差为 1.76%;柱状剩余油饱和度为 4.37%,与天然岩心数据绝对误差为 0.15,相对误差为 3.51%;其他剩余油饱和度为 4.17%,与天然岩心数据绝对误差为 0.09,相对误差为 2.19%;各类型剩余油饱和度代数和与识别总量的相对误差为 -0.81%。

　　表 5-13 给出了 500 mD 扫描岩心与数字岩心聚驱剩余油饱和度统计结果对比。图 5-26 给出了 500 mD 扫描岩心聚驱剩余油分布图像。图 5-27 给出了 500 mD 数字岩心聚驱剩余油分布图像。

表 5-13　500 mD 扫描岩心与数字岩心聚驱剩余油饱和度统计结果对比

500 mD 聚驱	剩余油饱和度/%					
	识别总量	簇状	盲端状	柱状	其他	计算总量
扫描岩心	42.65	29.04	9.40	2.75	4.23	45.42
数字岩心	46.88	28.15	9.08	2.66	4.62	44.51

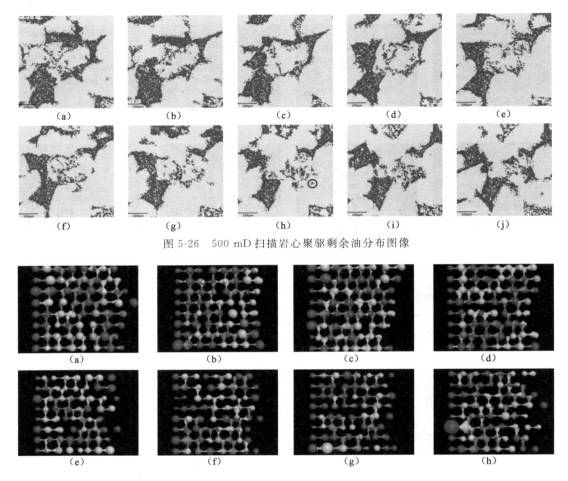

图 5-26　500 mD 扫描岩心聚驱剩余油分布图像

图 5-27　500 mD 数字岩心聚驱剩余油分布图像

　　500 mD 扫描岩心聚驱剩余油饱和度识别总量为 42.65%,其中簇状剩余油饱和度为 29.04%,盲端状剩余油饱和度为 9.40%,柱状剩余油饱和度为 2.75%,其他剩余油饱和度为 4.23%,各类型剩余油饱和度代数和与识别总量的相对误差为 6.49%。

　　500 mD 数字岩心聚驱剩余油饱和度识别总量为 46.88%,其中簇状剩余油饱和度为 28.15%,与天然岩心数据绝对误差为 −0.89,相对误差为 −3.06%;盲端状剩余油饱和度为 9.08%,与天然岩心数据绝对误差为 −0.32,相对误差为 −3.44%;柱状剩余油饱和度为 2.66%,与天然岩心数据绝对误差为 −0.09,相对误差为 −3.36%;其他剩余油饱和度为 4.62%,与天然岩心数据绝对误差为 0.39,相对误差为 9.32%;各类型剩余油饱和度代数和与识别总量的相对误差为 −5.06%。

　　由表 5-15 至表 5-17 可以看出,数字岩心孔隙网络模型的模拟聚驱剩余油饱和度结果与实际试验相近。两者结果的绝对误差主要源于簇状和柱状剩余油,相对误差主要源于盲端状剩余油。产生的误差与神经网络本身的非精确性导致的像素重复识别与遗漏识别有关。

第6章　微观孔隙结构特征参数对聚驱后微观剩余油的影响研究

通过构建数字化孔隙模型,完成了静态饱和油过程和动态水驱油过程模拟,在考虑了聚合物黏弹性、聚合物吸附的情况下,本书构建了聚驱油模型,下面将分析孔隙结构特征参数及聚合物注入参数对采收率的影响及剩余油类型定量描述。

6.1　孔隙大小分布对各类剩余油的影响

6.1.1　孔隙大小分布对驱油效率的影响

喉道半径是数字化孔隙模型的基本参数,模型的采收率大小与喉道半径大小密切相关,本书分别利用三块真实岩心的喉道半径分布频率建立模型,在其他参数不变的情况下,研究孔隙大小分布对采收率的影响。图 6-1 所示为不同方案喉道半径分布频率及累积分布曲线。

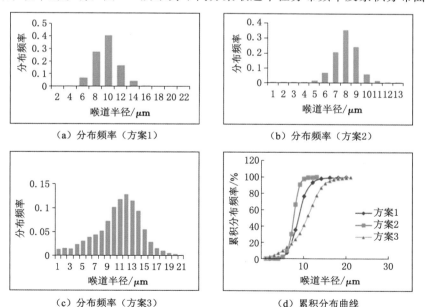

（a）分布频率（方案1）　　（b）分布频率（方案2）

（c）分布频率（方案3）　　（d）累积分布曲线

图 6-1　不同方案喉道半径分布频率及累积分布曲线

如表 6-1 所示，下表为三种方案的水驱采收率、聚驱采收率及总采收率。

表 6-1　孔隙大小分布对水驱和聚驱驱油效率的影响

方案	方案 1	方案 2	方案 3
岩心编号	1♯	3♯	4♯
孔隙度/％	25.60	31.77	27.25
实测渗透率/（$\times 10^{-3}\ \mu m^2$）	370	430	568
水驱采收率/％	47.07	49.12	46.22
聚驱采收率/％	24.65	22.76	25.58
总采收率/％	71.71	71.88	71.76

图 6-2 为不同方案采收率和采收率随 pv 数（孔隙体积倍数，即注入量或采出量除以孔隙体积所得的值）变化的曲线。方案 1、2 的渗透率相近（表 6-1），但是都小于方案 3。方案 1、2 的喉道半径分布相对比较集中，6～14 μm 半径的喉道半径所占比例都达到 97％，方案 3 的喉道半径分布比较分散，喉道半径大于 14 μm 所占比例接近 13％，因此方案 3 的渗透率较大。并且方案 3 的水驱采收率较低，这是因为与方案 1、2 比较来说，方案 3 的半径中小于 6 μm 的喉道比例存在 10％ 以上，而在水驱时小孔道中的原油不易采出。由于聚合物的黏弹性可以影响小孔道中的流体，因此对方案 3 影响比较大，能够驱出更多方案 3 中的水驱剩余，因此比较方案 1、2、3 的聚驱采收率，方案 3 的最高。

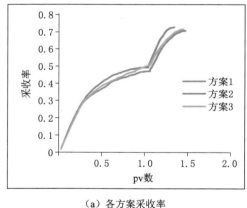

（a）各方案采收率

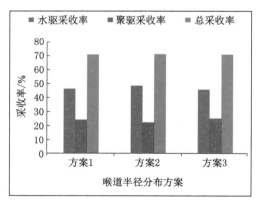

（b）采收率随pv数变化的曲线

图 6-2　不同方案采收率和采收率随 pv 数变化的曲线

6.1.2　剩余油分布及其规律研究

模型在水驱和聚驱后，分别统计水驱后孔道含油所占个数和聚驱后孔道含油所占个数，表 6-2、图 6-3、表 6-3、图 6-4、表 6-4、图 6-5 所示为水驱和聚驱后的孔道不同含油饱和度所占比例,可见方案 2 的水驱后孔道饱和度为 0 的个数最多,同样聚驱后孔道含油饱和度为 0 的个数最多。通过表 6-2,分析得出方案 1、方案 2、方案 3 在水驱后孔道含油比例分别为 0.52、0.50、0.53,聚驱后孔道含油比例分别为 0.51、0.49、0.52。可见,方案 2 的含油比例最小,采收率最高。

表 6-2　水驱和聚驱后孔道含油比例

孔隙分布方案		方案 1	方案 2	方案 3
总喉道数	喉道总数	993	993	993
	孔隙总数	512	512	512
水驱后	喉道含油个数	510	480	508
	孔隙含油个数	280	273	284
	含油总个数	790	753	792
	孔道含油比例	0.52	0.50	0.53
聚驱后	喉道含油数	486	472	496
	孔隙含油数	275	261	283
	含油总个数	761	733	779
	孔道含油比例	0.51	0.49	0.52

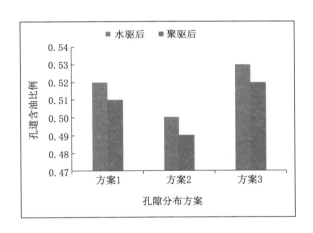

图 6-3　水驱和聚驱后孔道含油比例

表 6-3　不同含油饱和度喉道比例

含油饱和度	$0.8 \leqslant S_o < 1$		$0.6 \leqslant S_o < 0.8$		$0.4 \leqslant S_o < 0.6$		$0 < S_o < 0.4$		0	
比例方案	水驱	聚驱	水驱	聚驱	水驱	聚驱	水驱	聚驱	水驱	聚驱
方案 1	0.152	0.110	0.035	0.027	0.021	0.020	0.124	0.159	0.668	0.684
方案 2	0.228	0.168	0.040	0.059	0.023	0.042	0.021	0.038	0.688	0.693
方案 3	0.165	0.159	0.051	0.029	0.062	0.054	0.039	0.081	0.669	0.677

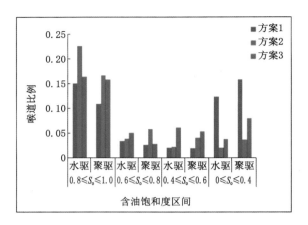

图 6-4　不同含油饱和度喉道比例

表 6-4　不同含油饱和度孔隙比例

含油饱和度	$0.8{\leqslant}S_o{<}1$		$0.6{\leqslant}S_o{<}0.8$		$0.4{\leqslant}S_o{<}0.6$		$0{<}S_o{<}0.4$		0	
比例方案	水驱	聚驱	水驱	聚驱	水驱	聚驱	水驱	聚驱	水驱	聚驱
方案 1	0.404	0.326	0.006	0.020	0.014	0.018	0.123	0.174	0.453	0.463
方案 2	0.348	0.271	0.014	0.029	0.018	0.043	0.154	0.166	0.467	0.490
方案 3	0.336	0.303	0.016	0.016	0.025	0.037	0.180	0.197	0.445	0.447

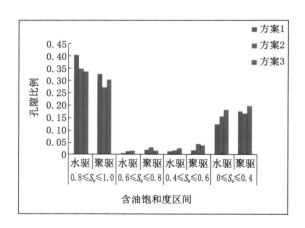

图 6-5　不同含油饱和度孔隙比例

　　由表 6-3 可以看出,聚驱相对水驱,0.8～1 含油饱和度的喉道均有减少,而其他含油饱和度的喉道数量整体有不同幅度的增加。其中,0.6～0.8 喉道在方案 1、方案 3 中有所减少,减幅范围在 22.9% 至 43.1% 不等,方案 2 这部分喉道数量有所增加,增幅 47.5%;0.4～0.6 喉道在方案 1、方案 3 的减幅为 4.8%、12.9%,在方案 2 增加了 82.6%;0～0.4 喉道在三个方案中都有增加,增幅从 28.2%～107.7% 不等;0 喉道在所有方案中的变化都小于 3%,可以认为没有变化。

从表 6-3 中可以看出,聚驱相对水驱,方案 1 和方案 3 中 0.8~1 含油饱和度喉道减少,其他喉道数量都出现了增加,方案 2 的表现则相反。

从表 6-4 中可以看出,聚驱相对水驱,含油饱和度 0.8~1 孔隙数量均有减少,其中方案 3 的减少幅度 9.82%,与方案 1、方案 2 的近 22% 相比其降幅并不明显;含油饱和度 0.6~0.8 孔隙数量在方案 1、方案 2 中分别增加了 233%、107%,在方案 3 中没有变化;含油饱和度 0.4~0.6 孔隙数量在方案 1、方案 3 中没有明显变化,在方案 2 中增加了 139%;含油饱和度 0~0.4 的孔隙数量都出现了不同程度的增加。

6.1.3　剩余油类型及量化研究

聚驱后,分别截取和渲染三个不同孔道半径分布的模型中某个截面的含油分布图像。如图 6-6 所示,其中图 6-6(a)为依照方案 1 生成的模型聚驱后剩余油分布图像,图 6-6(b)为依照方案 2 生成的模型聚驱后剩余油分布图像,图 6-6(c)为依照方案 3 生成的模型聚驱后剩余油分布图像。表 6-5 是对三个图像分别进行剩余油类型和饱和度统计结果。

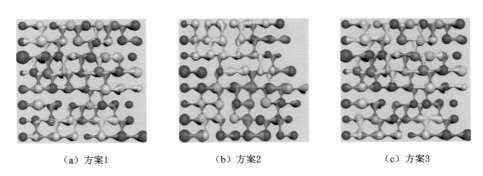

（a）方案1　　　　　　　（b）方案2　　　　　　　（c）方案3

图 6-6　不同孔道半径分布对剩余油分布的影响

表 6-5　不同孔道大小分布对剩余油类型和饱和度的影响

类型	饱和度/%		
	方案 1	方案 2	方案 3
簇状	42.52	37.29	32.05
柱状	1.99	7.88	14.04
盲端状	5.67	0.56	0.01
其他	0.03	1.43	1.49

模拟结果发现,随着孔道大小分布变化,簇状剩余油减少,但柱状剩余油随之增多,其他类型剩余油呈随机波动。可以推测,由于孔道半径变化导致的渗透率增加使得聚集的大块簇状剩余油更易被驱替成为更加分散的形态。不同孔道大小分布对剩余油类型的影响如图 6-7所示。

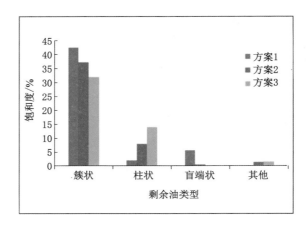

图 6-7　不同孔道大小分布对剩余油类型的影响

6.2　配位数对各类剩余油的影响

6.2.1　配位数对驱油效率的影响

本书基于方案 2 选取平均配位数分别为 4.3、5.4、6,在其他参数相同的情况下构建数字化孔隙模型,水驱在 pv 数为 0.514 时同时结束,接着聚驱至含水率为 98%,计算聚驱采收率,结果如表 6-6 及图 6-8 所示。通过该图表可以看出,随着配位数的增加,聚驱采收率和总采收率都增加。

表 6-6　配位数对采收率的影响

配位数	4.3	5.4	6
孔隙度/%	25.59	25.86	25.52
渗透率/($\times 10^{-3}$ μm^2)	243.62	375.36	483.59
水驱采收率/%	31.35	39.99	44.98
聚驱采收率/%	24.57	27.13	30.44
总采收率/%	55.92	67.12	75.42

当 pv 数达到 0.514 时,配位数为 4.3 的模型含水率达到 98.78%,采收率为 31.35%;配位数为 5.4 的模型含水率为 79.14%,采收率为 39.99%;配位数为 6 的模型含水率为 68.72%,采收率为 44.98%。可见,在相同 pv 时,随着配位数的增大,水驱采收率增大。转接聚驱的三种模型的采收率依次为 24.57%、27.13%、30.44%。配位数的增大,孔隙与喉道连接的数量越多,表明模型的连通性越好,孔道内的原油越容易流动,因此聚驱最终采收率越大。

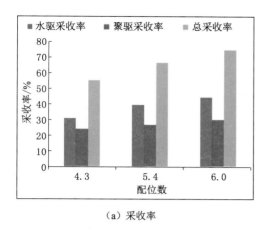

（a）采收率

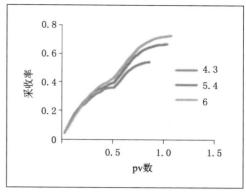

（b）采收率随pv数变化的曲线

图 6-8　不同配位数对采收率的影响

6.2.2　剩余油分布及其规律研究

本书模型在水驱和聚驱后，分别统计水驱后孔道含油所占个数和聚驱后孔道含油所占个数，见表 6-7 和图 6-9，分析得出配位数在 4.3、5.4、6 的孔隙模型参数条件下，水驱后孔道含油比例分别为 0.63、0.51、0.45，聚驱后孔道含油比例分别为 0.59、0.48、0.43。可见，随着配位数的增加，孔道含油比例随之减小。

表 6-7　水驱和聚驱后孔道含油比例

配位数		4.3	5.4	6
总喉道数	喉道总数	822	1016	1120
	孔隙总数	512	512	512
水驱后	喉道含油个数	541	480	469
	孔隙含油个数	299	292	273
	含油总个数	840	772	742
	孔道含油比例	0.63	0.51	0.45
聚驱后	喉道含油数	519	472	455
	孔隙含油数	272	262	251
	含油总个数	791	734	706
	孔道含油比例	0.59	0.48	0.43

从表 6-8 和图 6-10 中可以看出，聚驱相比于水驱，在配位数为 4.3 时，含油饱和度 0.8～1 喉道与 0.6～0.8 喉道数量分别出现了 37％ 和 15％ 的减少，含油饱和度 0.4～0.6 喉道与 0～0.4 喉道数量分别出现了高于 103％ 和 157％ 的增长；配位数为 5.4 时，含油饱和度 0.8～1 喉道数量减少了 26％，含油饱和度 0～0.4、0.4～0.6、0.6～0.8 喉道数量分别增加了近 81％、83％ 和 48％；配位数为 6 时，含油饱和度 0～0.4 的喉道数量减少了 39％，含油饱和度 0.6～0.8 喉道数量增加了 14％。

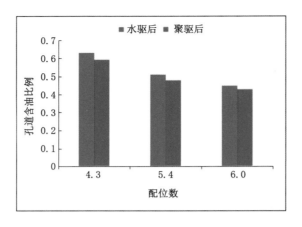

图 6-9　水驱和聚驱后孔道含油比例

表 6-8　喉道不同含油饱和度比例

含油饱和度	$0.8{\leqslant}S_o{<}1$		$0.6{\leqslant}S_o{<}0.8$		$0.4{\leqslant}S_o{<}0.6$		$0{<}S_o{<}0.4$		0	
比例配位数	水驱	聚驱	水驱	聚驱	水驱	聚驱	水驱	聚驱	水驱	聚驱
4.3	0.253	0.159	0.034	0.029	0.030	0.061	0.035	0.090	0.648	0.662
5.4	0.228	0.168	0.040	0.059	0.023	0.042	0.021	0.038	0.688	0.693
6	0.201	0.199	0.042	0.048	0.029	0.029	0.033	0.020	0.695	0.704

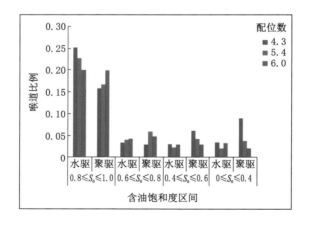

图 6-10　喉道不同含油饱和度比例

　　由表 6-9 和图 6-11 可以看出,聚驱相比于水驱,含油饱和度 0.8～1 孔隙均有减少;在配位数为 4.3 时含油饱和度 0.4～0.6、0～0.4 孔隙数量分别增加了 250%、83%;配位数为 5.4 时,含油饱和度 0.6～0.8、0.4～0.6 孔隙数量分别增加了 65%、85%,含油饱和度为 0～0.4 孔隙数量减少了 15%;配位数为 6 时,含油饱和度 0.6～0.8、0.4～0.6 孔隙数量各增加了 107%、138%。

表 6-9　不同含油饱和度孔隙比例

含油饱和度	$0.8 \leqslant S_o < 1$		$0.6 \leqslant S_o < 0.8$		$0.4 \leqslant S_o < 0.6$		$0 < S_o < 0.4$		0	
比例配位数	水驱	聚驱	水驱	聚驱	水驱	聚驱	水驱	聚驱	水驱	聚驱
4.3	0.508	0.375	0.004	0.014	0.006	0.021	0.066	0.121	0.416	0.469
5.4	0.381	0.314	0.020	0.033	0.020	0.037	0.150	0.127	0.430	0.488
6	0.348	0.271	0.014	0.029	0.018	0.043	0.154	0.146	0.467	0.510

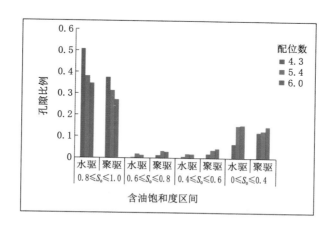

图 6-11　不同含油饱和度孔隙比例

由表 6-10 和图 6-12 可以看出,聚驱相比于水驱,含油饱和度 0.8~1 孔道数量均有下降,但配位数为 6 时这部分孔道数量下降幅度只有 9%,与配位数 4.3、5.4 时的 33%、23% 相比并不明显;含油饱和度 0.6~0.8 孔道数量在配位数 4.3 时的变化可忽略不计,在配位数 5.4 时数量上升幅度超过 50%,配位数 6 时数量上升幅度回落到 22%;含油饱和度 0.4~ 0.6 孔道在配位数 4.3、5.4、6 时数量增加幅度分别为 113%、86%、23%;含油饱和度 0~ 0.4 孔道在配位数 4.3 时数量增幅达 128%,配位数 5.4 时增幅为 11%,配位数 6 时这部分 孔道数量出现了 17% 的下降。

表 6-10　不同含油饱和度孔道比例

含油饱和度	$0.8 \leqslant S_o < 1$		$0.6 \leqslant S_o < 0.8$		$0.4 \leqslant S_o < 0.6$		$0 < S_o < 0.4$		0	
比例配位数	水驱	聚驱	水驱	聚驱	水驱	聚驱	水驱	聚驱	水驱	聚驱
4.3	0.317	0.213	0.026	0.025	0.024	0.051	0.043	0.098	0.590	0.614
5.4	0.266	0.205	0.035	0.053	0.022	0.041	0.054	0.060	0.623	0.642
6	0.238	0.217	0.035	0.043	0.026	0.032	0.063	0.052	0.638	0.655

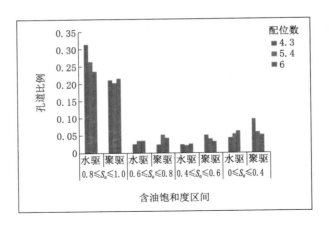

图 6-12　不同含油饱和度孔道比例

6.2.3　剩余油类型及量化研究

对模型进行驱油模拟后,分别导出驱油后的模型截面油水分布图像,如图 6-13 所示,分析计算出配位数为 4.3、5.4 和 6 的条件下,各类型剩余油的饱和度,如表 6-11 和图 6-14 所示。

（a）配位数4.3　　　　　（b）配位数5.4　　　　　（c）配位数6

图 6-13　不同配位数对剩余油分布的影响

表 6-11　不同配位数对剩余油类型的影响

类型	饱和度/%		
	配位数 4.3	配位数 5.4	配位数 6
簇状	47.79	42.41	39.55
柱状	10.84	7.89	4.21
盲端状	0.61	0.01	0.15
其他	0.01	0.01	0.03

模拟结果发现,随着配位数增大,各个孔隙平均连接的喉道数增加,岩心渗透率增大,使得孔隙中的油更容易被驱替。从表 6-11 中可以看到随配位数的增大,含量占主导的簇状剩余油和柱状剩余油均出现了不同程度的减少,其他含量很少的剩余油饱和度数据呈现随机

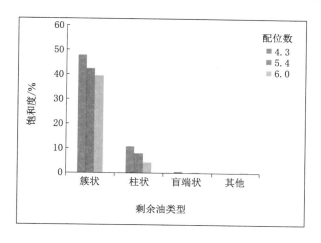

图 6-14　不同配位数对剩余油类型的影响

变化。

　　另外,随着配位数增加,各类型剩余油都有不同程度的减少。与孔隙相连的喉道数越多,孔隙中剩余的油就更容易被驱替。

6.3　形状因子对各类剩余油的影响

6.3.1　形状因子对驱油效率的影响

　　本书基于方案 2 假设数字化孔隙模型中喉道截面形状为圆形、正方形、三角形,所对应形状的比例不同,数字化孔隙模型的形状因子不同,表 6-12 及图 6-15 为不同截面形状比例的模型模拟结果。

表 6-12　形状因子对采收率的影响

圆形/正方形/三角形	0.2∶0.3∶0.5	0.4∶0.3∶0.3	0.6∶0.3∶0.1
形状因子	0.057	0.064	0.076
孔隙度/%	25.25	25.25	25.25
渗透率/($\times 10^{-3}\ \mu m^2$)	369.44	496.10	647.65
水驱采收率/%	41.22	42.46	43.02
聚驱采收率/%	22.63	24.65	25.35
总采收率/%	63.85	65.87	66.57

　　三个模型中圆形喉道所占比例依次为 0.2、0.4、0.6,在驱至相同水驱采收率时,形状因子较大的模型,含水率较低,转聚驱至相同含水率时,形状因子大的模型聚驱采收率高。圆形喉道中角隅要比三角形、正方形喉道的角隅少,喉道角隅越多,聚合物波及范围越小,因此随着形状因子越大,采收率越大。

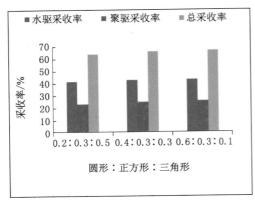

（a）采收率

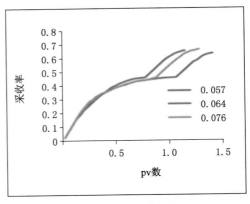

（b）采收率随pv数变化的曲线

图 6-15　不同形状因子对采收率的影响

6.3.2　剩余油分布及其规律研究

在水驱和聚驱后，分别统计水驱后孔道含油所占个数和聚驱后孔道含油所占个数，通过表 6-13 和图 6-16 分析得出，形状因子比例在 0.2：0.3：0.5、0.4：0.3：0.3、0.6：0.3：0.1 的参数条件下，水驱后孔道含油比例分别为 0.66、0.51、0.48，聚驱后孔道含油比例分别为 0.64、0.50、0.48。可见，随着形状因子比例的增加，孔道含油比例随之减小。

表 6-13　水驱聚驱后孔道含油比例

形状因子比例		0.2：0.3：0.5	0.4：0.3：0.3	0.6：0.3：0.1
总喉道数	喉道总数	993	993	993
	孔隙总数	512	512	512
水驱后	喉道含油个数	653	490	459
	孔隙含油个数	340	284	270
	含油总个数	993	774	729
	孔道含油比例	0.66	0.51	0.48
聚驱后	喉道含油数	647	487	461
	孔隙含油数	315	265	260
	含油总个数	962	752	721
	孔道含油比例	0.64	0.50	0.48

由表 6-14 和图 6-17 可以看出，聚驱相比水驱，含油饱和度 0.8～1、0.6～0.8 喉道数量均出现了不同程度的减少，含油饱和度为 0.4～0.6、0～0.4 喉道数量均出现了不同程度的增长，且含油饱和度为 0～0.4 喉道数量的增幅显著大于含油饱和度为 0.4～0.6 喉道的增幅。其中，形状因子比例分别为 0.2：0.3：0.5、0.4：0.3：0.3 时含油饱和度 0～0.4 喉道

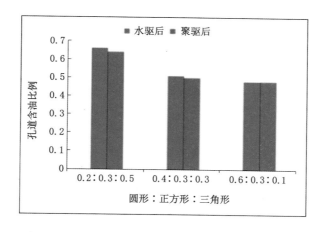

图 6-16　水驱聚驱后孔道含油比例

的数量增长幅度高达 156%、122%,形状因子比例为 0.6:0.3:0.1 时这部分喉道的增幅达 79%;含油饱和度为 0.4~0.6 喉道增加幅度在 19%~40% 之间。

表 6-14　不同含油饱和度喉道比例

含油饱和度	$0.8 \leqslant S_o < 1$		$0.6 \leqslant S_o < 0.8$		$0.4 \leqslant S_o < 0.6$		$0 < S_o < 0.4$		0	
形状因子比例	水驱	聚驱	水驱	聚驱	水驱	聚驱	水驱	聚驱	水驱	聚驱
0.2:0.3:0.5	0.265	0.217	0.107	0.099	0.027	0.036	0.027	0.069	0.575	0.579
0.4:0.3:0.3	0.237	0.206	0.048	0.042	0.016	0.019	0.023	0.051	0.676	0.683
0.6:0.3:0.1	0.174	0.145	0.066	0.054	0.042	0.059	0.024	0.043	0.694	0.700

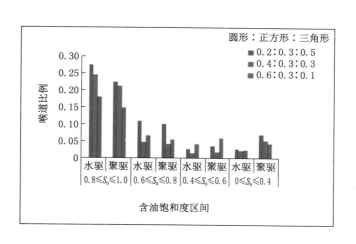

图 6-17　不同含油饱和度喉道比例

由表 6-15 和图 6-18 可以看出,聚驱相比水驱,含油饱和度 0.8~1 孔隙数量均有不同程度的减少;含油饱和度 0.6~0.8 孔隙增幅极显著,在形状因子比例为 0.6:0.3:0.1 时其增幅其至达到了奇异值1050％；含油饱和度0.4～0.6孔隙数量在形状因子比例为0.2：0.3：0.5时为29％，在形状因子比例0.6：0.3：0.1时为230％。

表6-15　不同含油饱和度孔隙比例

含油饱和度	$0.8{\leqslant}S_o{<}1$		$0.6{\leqslant}S_o{<}0.8$		$0.4{\leqslant}S_o{<}0.6$		$0{<}S_o{<}0.4$		0	
形状因子比例	水驱	聚驱	水驱	聚驱	水驱	聚驱	水驱	聚驱	水驱	聚驱
0.2：0.3：0.5	0.443	0.357	0.014	0.027	0.021	0.027	0.186	0.203	0.336	0.385
0.4：0.3：0.3	0.391	0.342	0.014	0.023	0.014	0.014	0.146	0.139	0.436	0.482
0.6：0.3：0.1	0.385	0.340	0.002	0.023	0.010	0.033	0.141	0.111	0.463	0.492

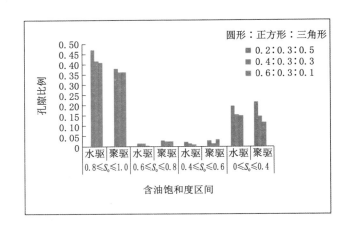

图6-18　不同含油饱和度孔隙比例

由表6-16和图6-19可以看出，聚驱相比水驱，含油饱和度0.8～1、0.6～0.8孔道数均有不同程度的减少，而含油饱和度0.4～0.6、0～0.4孔道数均有不同程度的增加。

表6-16　不同含油饱和度孔道比例

含油饱和度	$0.8{\leqslant}S_o{<}1$		$0.6{\leqslant}S_o{<}0.8$		$0.4{\leqslant}S_o{<}0.6$		$0{<}S_o{<}0.4$		0	
形状因子比例	水驱	聚驱	水驱	聚驱	水驱	聚驱	水驱	聚驱	水驱	聚驱
0.2：0.3：0.5	0.310	0.252	0.083	0.081	0.025	0.034	0.066	0.103	0.515	0.530
0.4：0.3：0.3	0.275	0.240	0.040	0.037	0.015	0.018	0.054	0.073	0.616	0.633
0.6：0.3：0.1	0.227	0.193	0.050	0.046	0.034	0.052	0.053	0.060	0.636	0.648

6.3.3　剩余油类型及量化研究

模型模拟聚驱后，分别截取和渲染三个不同形状因子比例的模型某个截面中剩余油分布图像，如图6-20所示。并分别计算三个不同形状因子比例的模型中不同剩余油类型和相

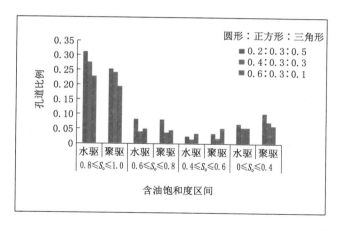

图 6-19　不同含油饱和度孔道比例

应类型的饱和度,如表 6-17 和图 6-21 所示。

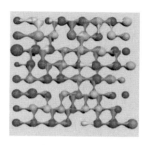

(a) 0.2 : 0.3 : 0.5

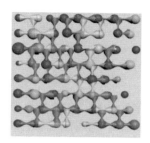

(b) 0.4 : 0.3 : 0.3

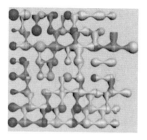

(c) 0.6 : 0.3 : 0.1

图 6-20　不同形状因子比例对剩余油分布的影响

表 6-17　不同形状因子比例对剩余油类型的影响

类型	饱和度/%		
	0.2 : 0.3 : 0.5	0.4 : 0.3 : 0.3	0.6 : 0.3 : 0.1
簇状	28.71	32.47	39.43
柱状	15.45	12.73	9.76
盲端状	2.79	3.39	0.01
其他	3.75	4.01	3.04

　　模拟结果发现,簇状剩余油增加的时候,柱状剩余油有减少的现象。由于喉道界面中圆形成分的增加可以显著地降低岩心喉道的阻力,增大岩心渗透率,使得剩余油更不易在喉道空间中残存。随着形状因子变大,尤其是形状因子比例中圆形成分的增加,喉道的角隅空间随之变少,其中滞留的剩余油也就越少,越容易被驱出喉道,促进分散在喉道中的剩余油聚集在孔隙中。因此,总体表现为柱状剩余油减少,簇状剩余油增加。

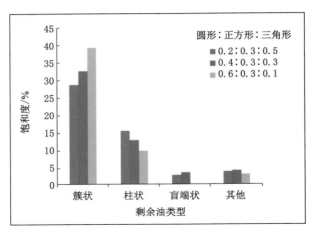

图 6-21　不同形状因子比例对剩余油类型的影响

6.4　孔喉比对各类剩余油的影响

6.4.1　孔喉比对驱油效率的影响

　　本书基于方案 2 采用 3.2、4.6 及 6.3 这三个不同孔喉比的模型进行驱替模拟,注水、注聚直到模型出口的含水率连续出现 0.98 时结束。使模型中配位数、形状因子等聚合物的注入参数保持不变。其计算结果如表 6-18 及图 6-22 所示。

表 6-18　孔喉比对采收率影响

孔喉比	3.2	4.6	6.3
孔隙度/%	25.47	25.86	25.66
渗透率/($\times 10^{-3}\ \mu m^2$)	954.43	544.12	329.05
水驱采收率/%	49.32	47.07	43.29
聚驱采收率/%	25.02	24.65	20.43
总采收率/%	74.34	71.72	63.72

　　在三种模型中,随着孔喉比的增大,模拟计算模型的渗透率为 $954.43 \times 10^{-3}\ \mu m^2$、$544.12 \times 10^{-3}\ \mu m^2$、$329.05 \times 10^{-3}\ \mu m^2$,当含水率达到 98% 时,水驱采收率、聚驱采收率及总采收率依次降低。在孔隙半径不变的情况下,孔喉比增大,喉道半径减小,导致喉道阻力系数增加,在相同压力下,流体更难流动。因此,孔喉比越大,采收率越低。

6.4.2　剩余油分布及其规律研究

　　数字化孔隙模型在水驱和聚驱后,分别统计水驱后孔道含油所占个数和聚驱后孔道含油所占个数,通过表 6-19 和图 6-23,分析得出孔喉比在 3.2、4.6、6.3 的参数条件下,水驱后孔道含油比例分别为 0.50、0.52、0.54,聚驱后孔道含油比例分别为 0.46、0.49、0.54。可见,随着孔喉比的增加孔道含油比例随之增大。即孔喉比与采收率成反比。

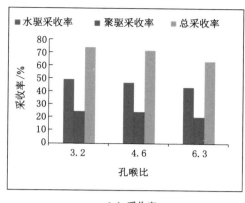

（a）采收率

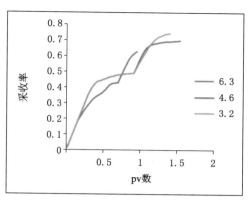

（b）采收率随pv数变化的曲线

图 6-22　不同孔喉比对采收率的影响

表 6-19　水驱和聚驱后孔道含油所占比例

孔喉比		3.2	4.6	6.3
总喉道数	喉道总数	993	993	993
	孔隙总数	512	512	512
水驱后	喉道含油个数	482	494	518
	孔隙含油个数	271	284	290
	含油总个数	753	778	808
	孔道含油比例	0.50	0.52	0.54
聚驱后	喉道含油数	465	501	526
	孔隙含油数	222	243	282
	含油总个数	687	742	808
	孔道含油比例	0.46	0.49	0.54

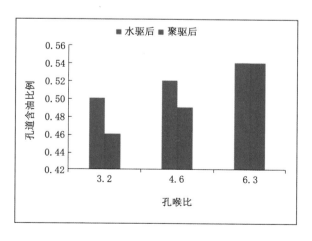

图 6-23　水驱和聚驱后孔道含油所占比例

由表 6-20 和图 6-24 可以看出，聚驱相比水驱，含油饱和度 0.8～1 喉道数量都有不同程度的减少；含油饱和度 0.6～0.8、0.4～0.6、0～0.4 喉道数量均有不同程度的增加。其中含油饱和度 0.6～0.8 喉道在孔喉比 4.6 时增幅 104％；含油饱和度 0.4～0.6 喉道在孔喉比 3.2、4.6 时的增幅分别为 116％、113％；含油饱和度 0～0.4 喉道在孔喉比 3.2、4.6、6.3 时增幅分别为 140％、260％、96％。

表 6-20　不同含油饱和度喉道比例

含油饱和度	$0.8 \leq S_o < 1$		$0.6 \leq S_o < 0.8$		$0.4 \leq S_o < 0.6$		$0 < S_o < 0.4$		0	
孔喉比	水驱	聚驱	水驱	聚驱	水驱	聚驱	水驱	聚驱	水驱	聚驱
3.2	0.255	0.203	0.031	0.035	0.019	0.041	0.010	0.024	0.686	0.697
4.6	0.271	0.207	0.025	0.051	0.015	0.032	0.010	0.036	0.678	0.674
6.3	0.216	0.179	0.052	0.060	0.044	0.055	0.025	0.049	0.663	0.658

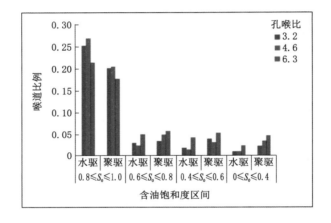

图 6-24　不同含油饱和度喉道比例

由表 6-21 和图 6-25 可以看出，聚驱相比水驱，含油饱和度 0.8～1 孔隙数量有所下降，在孔喉比 3.2、4.6、6.3 时降幅分别为 37％、27％、21％；含油饱和度 0.6～0.8 孔隙数量均有增加，在孔喉比 3.2、4.6、6.3 时的增幅分别为 43.5％、95.7％、28.6％；含油饱和度 0.4～0.6 孔隙数量增幅在孔喉比 3.2、4.6、6.3 时的增幅分别为 213％、117％、135％；含油饱和度 0～0.4 孔隙数量在孔喉比 3.2 时的增幅为 27％，孔喉比 4.6、6.3 时这部分孔隙数量有所下降，降幅分别为 11％、1％；含油饱和度 0 孔隙数量在孔喉比 3.2、4.6、6.3 时增幅分别为 20％、18％、3％。

表 6-21　不同含油饱和度孔隙比例

含油饱和度	$0.8 \leq S_o < 1$		$0.6 \leq S_o < 0.8$		$0.4 \leq S_o < 0.6$		$0 < S_o < 0.4$		0	
孔喉比	水驱	聚驱	水驱	聚驱	水驱	聚驱	水驱	聚驱	水驱	聚驱
3.2	0.438	0.277	0.002	0.027	0.008	0.025	0.082	0.104	0.471	0.566
4.6	0.350	0.256	0.018	0.027	0.018	0.039	0.170	0.152	0.445	0.525
6.3	0.330	0.262	0.010	0.037	0.020	0.047	0.207	0.205	0.434	0.449

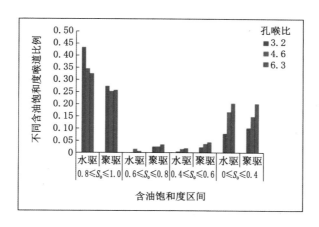

图 6-25　不同含油饱和度孔隙比例

由表 6-22 和图 6-26 可以看出,聚驱相比水驱,含油饱和度 0.8～1 孔道数量均有一定程度的减少;含油饱和度 0.6～0.8 孔道数量在孔喉比 3.2、4.6、6.3 时的增加幅度分别为 43%、96%、29%;含油饱和度 0.4～0.6 孔道数量在孔喉比 3.2、4.6、6.3 时的增加幅度分别为 131%、113%、29%;含油饱和度 0～0.4 孔道数量在孔喉比 3.2、4.6、6.3 时的增加幅度分别为 57%、30%、24%。其中含油饱和度 0.4～0.6 孔道数量增幅显著高于其他含油饱和度区间孔道的增幅。

表 6-22　不同含油饱和度孔道比例

含油饱和度	$0.8 \leqslant S_o < 1$		$0.6 \leqslant S_o < 0.8$		$0.4 \leqslant S_o < 0.6$		$0 < S_o < 0.4$		0	
孔喉比	水驱	聚驱	水驱	聚驱	水驱	聚驱	水驱	聚驱	水驱	聚驱
3.2	0.300	0.222	0.023	0.033	0.016	0.037	0.028	0.044	0.632	0.665
4.6	0.291	0.219	0.023	0.045	0.016	0.034	0.050	0.065	0.620	0.637
6.3	0.245	0.200	0.042	0.054	0.038	0.053	0.071	0.088	0.605	0.605

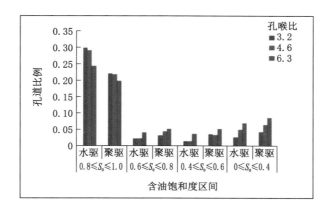

图 6-26　不同含油饱和度孔道比例

6.4.3 剩余油类型及量化研究

模型模拟聚驱后,分别截取和渲染三个不同孔喉比模型中某个截面的剩余油分布图像,如图 6-27 所示。并分别计算在不同孔喉比模型中剩余油类型和相对应饱和度,如表 6-23 和图 6-28 所示。

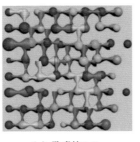 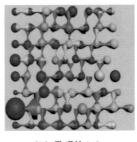 

（a）孔喉比3.2 　　　　　　　（b）孔喉比4.6 　　　　　　　（c）孔喉比6.3

图 6-27　不同孔喉比对剩余油分布的影响

表 6-23　不同孔喉比对剩余油类型的影响

类型	饱和度/%		
	孔喉比 3.2	孔喉比 4.6	孔喉比 6.3
簇状	27.01	23.67	19.92
柱状	14.89	20.99	27.19
盲端状	2.68	2.57	2.95
其他	1.53	1.21	1.55

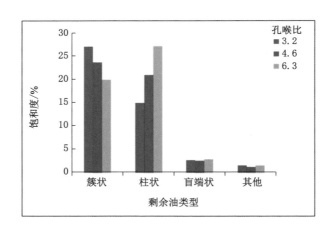

图 6-28　不同孔喉比对剩余油类型的影响

模拟结果发现,孔喉比增大的效果与配位数相反,孔隙半径一定,孔喉比增大则喉道半径减小,自然导致岩心渗透率减小。同时喉道阻力增加,使得剩余油更多地残存于喉道内,柱状剩余油显著增加。

随着孔喉比变小,驱替过程中喉道的阻力越小,其内部越不容易滞留剩余油,表现为柱状剩余油减少,簇状剩余油增加。

6.5　润湿性对各类剩余油的影响

6.5.1　不同润湿比例对驱油效率的影响

润湿性是描述油水界面性质的重要指标,在本书基于方案 2 所构建的数字化孔隙模型中,采用一部分喉道为水湿、一部分喉道为油湿的混合润湿模式。改变润湿性比例的计算结果如表 6-24 及图 6-29 所示。

表 6-24　润湿性对采收率影响

水湿∶油湿	0.1∶0.9	0.4∶0.6	0.6∶0.4
孔隙度/%	25.47	25.47	25.47
水驱采收率/%	35.63	47.07	51.35
聚驱采收率/%	27.91	26.46	24.65
总采收率/%	63.54	73.53	76.00

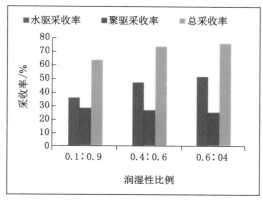

（a）采收率

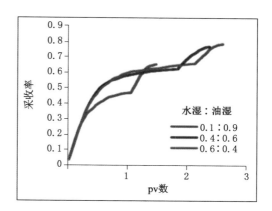

（b）采收率随pv数变化的曲线

图 6-29　不同润湿比例对采收率的影响

三种模型喉道中水湿与油湿比例依次为 0.1∶0.9、0.4∶0.6、0.6∶0.4,三种模型孔隙结构参数完全相同,所以模型的孔隙度相同,随着水湿喉道比例的增加,水驱采收率增大,润湿性比例为 0.6∶0.4 的模型和 0.1∶0.9 的模型相比,聚驱采收率降低了 1.45%,但是相应的水驱采收率却高出 11.44%,总采收率也高出 9.99%,水湿喉道数越多,越对采油有利。这是因为在水驱油及聚驱油过程中,如果喉道为水湿,毛细管力为动力,存在剩余油的可能性小;另外,油湿喉道越少,非圆喉道角隅中的剩余油概率就越小,采收率就越高。

6.5.2 剩余油分布及其规律研究

数字化孔隙模型在水驱和聚驱后,分别统计水驱后孔道含油所占个数和聚驱后孔道含油所占个数,通过表6-25和图6-30分析得出,润湿比例在0.1：0.9、0.4：0.6、0.6：0.4的参数条件下,水驱后孔道含油比例分别为0.80、0.60、0.50,聚驱后孔道含油比例分别为0.77、0.56、0.49。

表6-25 孔道含油所占比例

水湿：油湿		0.1：0.9	0.4：0.6	0.6：0.4
总喉道数	喉道总数	993	993	993
	孔隙总数	512	512	512
水驱后	喉道含油个数	864	611	480
	孔隙含油个数	339	295	265
	含油总个数	1 203	906	745
	孔道含油比例	0.80	0.60	0.50
聚驱后	喉道含油数	832	571	472
	孔隙含油数	323	269	261
	含油总个数	1 155	840	733
	孔道含油比例	0.77	0.56	0.49

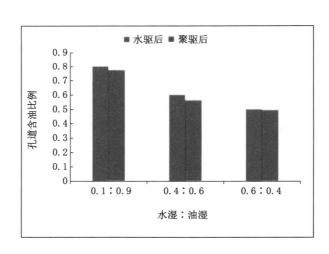

图6-30 孔道含油所占比例

由表6-26和图6-31可以发现,聚驱相比水驱,含油饱和度0.8～1喉道均有不同程度的减少,其余喉道均有不同程度的增多。其中,含油饱和度0.6～0.8喉道在润湿比例分别为0.1：0.9、0.4：0.6、0.6：0.4时的增加幅度分别为8%、17%、48%;含油饱和度0.4～0.6喉道在润湿比例分别为0.1：0.9、0.4：0.6、0.6：0.4时的增加幅度分别为20%、106%、174%;含油饱和度0～0.4喉道在润湿比例分别为0.1：0.9、0.4：0.6、0.6：0.4时的增加幅度分别为 26%、128%、81%。

表 6-26　不同含油饱和度喉道比例

含油饱和度	$0.8 \leqslant S_o < 1$		$0.6 \leqslant S_o < 0.8$		$0.4 \leqslant S_o < 0.6$		$0 < S_o < 0.4$		0	
水湿：油湿	水驱	聚驱	水驱	聚驱	水驱	聚驱	水驱	聚驱	水驱	聚驱
0.1：0.9	0.332	0.275	0.105	0.113	0.080	0.096	0.046	0.058	0.438	0.602
0.4：0.6	0.290	0.194	0.058	0.068	0.033	0.068	0.018	0.041	0.602	0.676
0.6：0.4	0.228	0.168	0.040	0.059	0.023	0.063	0.021	0.038	0.688	0.693

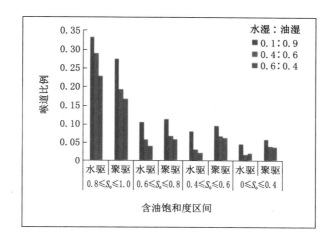

图 6-31　不同含油饱和度喉道比例

由表 6-27 和图 6-32 可以发现,聚驱相比水驱,含油饱和度 0.8～1 孔隙均有不同程度的减少,其余孔隙除含油饱和度 0～0.4 孔隙有部分减少外均有不同程度的增多。其中,含油饱和度 0.6～0.8 孔隙在润湿比例分别为 0.1：0.9、0.4：0.6、0.6：0.4 时的增加幅度分别为 105%、338%、107%;含油饱和度 0.4～0.6 孔隙在润湿比例分别为 0.1：0.9、0.4：0.6、0.6：0.4 时的增加幅度分别为 112%、88%、217%;含油饱和度 0～0.4 孔隙在润湿比例为 0.1：0.9 时的增加幅度为 45%,在润湿比例分别为 0.4：0.6、0.6：0.4 时的减少幅度分别为 4%、14%。

表 6-27　不同含油饱和度孔隙比例

含油饱和度	$0.8 \leqslant S_o < 1$		$0.6 \leqslant S_o < 0.8$		$0.4 \leqslant S_o < 0.6$		$0 < S_o < 0.4$		0	
水湿：油湿	水驱	聚驱	水驱	聚驱	水驱	聚驱	水驱	聚驱	水驱	聚驱
0.1：0.9	0.434	0.271	0.020	0.041	0.025	0.053	0.184	0.266	0.338	0.369
0.4：0.6	0.348	0.256	0.008	0.035	0.025	0.047	0.195	0.188	0.424	0.475
0.6：0.4	0.248	0.219	0.014	0.029	0.018	0.057	0.238	0.205	0.482	0.490

由表 6-28 和图 6-33 可以发现,聚驱相比水驱,含油饱和度 0.8～1 孔道均有不同程度的减少,其余孔道均有不同程度的增多。其中,含油饱和度 0.6～0.8 孔道在润湿比例分别为

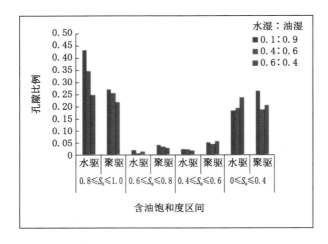

图 6-32　不同含油饱和度孔隙比例

0.1：0.9、0.4：0.6、0.6：0.4 时的增加幅度分别为 14％、33％、53％；含油饱和度 0.4～0.6 孔道在润湿比例分别为 0.1：0.9、0.4：0.6、0.6：0.4 时的增加幅度分别为 29％、103％、190％；含油饱和度 0～0.4 孔道在润湿比例分别为 0.1：0.9、0.4：0.6、0.6：0.4 时的增加幅度分别为 38％、26％、5％。

表 6-28　孔道不同含油饱和度比例

含油饱和度	$0.8 \leqslant S_o < 1$		$0.6 \leqslant S_o < 0.8$		$0.4 \leqslant S_o < 0.6$		$0 < S_o < 0.4$		0	
水湿：油湿	水驱	聚驱	水驱	聚驱	水驱	聚驱	水驱	聚驱	水驱	聚驱
0.1：0.9	0.357	0.274	0.083	0.095	0.066	0.085	0.080	0.110	0.413	0.436
0.4：0.6	0.304	0.209	0.045	0.060	0.031	0.063	0.062	0.078	0.558	0.590
0.6：0.4	0.233	0.181	0.034	0.052	0.021	0.061	0.076	0.080	0.636	0.642

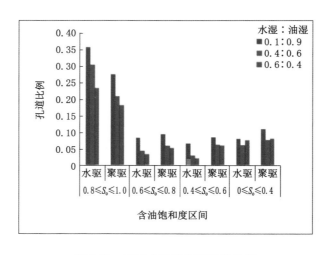

图 6-33　不同含油饱和度孔道比例

6.5.3　剩余油类型及量化研究

模型模拟聚驱后,分别截取和渲染三个不同润湿比例模型中某个截面剩余油分布图像,如图 6-34 所示。并分别计算三个不同润湿比例模型中剩余油类型及其对应的饱和度值,如表 6-29 和图 6-35 所示。

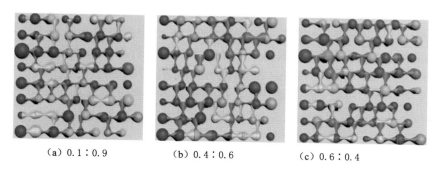

（a）0.1∶0.9　　　（b）0.4∶0.6　　　（c）0.6∶0.4

图 6-34　不同润湿性对剩余油分布的影响

表 6-29　不同润湿性对剩余油类型的影响

类型	饱和度/%		
	水湿∶油湿(0.1∶0.9)	水湿∶油湿(0.4∶0.6)	水湿∶油湿(0.6∶0.4)
簇状	21.01	22.11	25.83
柱状	8.35	7.15	5.27
盲端状	10.32	8.01	7.71
其他	13.99	10.03	6.08

模拟结果发现,即由图 6-35 可以看出油湿模型内更容易形成膜状油,这是模型油湿内壁对剩余油的吸附作用造成的。其中,三维空间的簇状与柱状均属于 2.4 节二维空间的簇状,三维空间的盲端状属于二维空间的角隅状。

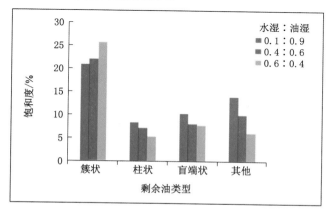

图 6-35　不同润湿性对剩余油类型的影响

随着润湿性由油湿向水湿转变,剩余油类型逐渐由难以驱出的柱状、膜状转变为更易采出的簇状。无论是水湿还是油湿条件下,孔隙中的剩余油仍以大量的簇状类型剩余油为主;但在中性润湿程度条件下,剩余油分布类型出现反常,油滴状剩余油所占比例较高;随着润湿性由水湿向油湿转变,簇状、膜状剩余油总体增多,油滴状、喉道状有所减少,盲端状剩余油维持稳定,说明润湿性不影响盲端状剩余油存在。

不同半径下的复合驱体系驱油效率相差幅度在水湿情况下要小于油湿情况下。这是因为在水湿情况下,虽然喉道半径越小,驱油的动力却越大,但是喉道半径越小却越容易发生卡断现象,在油相前进的通道中形成的一段润湿相易阻碍油相继续向前运行,所以卡断现象的存在增加了剩余油形成的概率。但是在油湿情况下却不同,喉道半径越大,驱油的阻力越小,同时喉道半径越大发生卡断现象的概率也在下降,在这两个因素同时作用下,油湿情况下复合驱体系驱油效率的相差幅度要大于水湿情况下的相差幅度。

参 考 文 献

[1] 马翠.俄罗斯油田采取的有效提高采收率措施[J].国外油田工程,2009,25(6):9-13.

[2] 杜旭东,赵齐辉,倪国辉,等.俄罗斯尤罗勃钦油田储层评价与油气分布规律[J].吉林大学学报(地球科学版),2009,39(6):968-975.

[3] 付百舟.喇萨杏油田特高含水期开发指标变化趋势及技术政策界限研究[D].大庆:大庆石油学院,2008.

[4] 赵颖,衡海良,董传杰,等.枣园孔二段低渗透油藏二次开发技术对策研究[J].石油地质与工程,2010,24(1):70-72.

[5] 窦松江,赵平起.断层封闭性在油田开发中的应用[J].断块油气田,2010,17(1):28-31.

[6] 孙丕飞,孙丕谦.关于提高采收率的方法的探讨[J].科技信息,2009(1):51.

[7] 胡丹丹,常毓文,杨菊兰.长垣油田特高含水期开发技术对策[J].内蒙古石油化工,2009,35(3):1-4.

[8] 王正波,叶银珠,王继强.聚合物驱后剩余油研究现状及发展方向[J].油气地质与采收率,2010,17(4):37-42.

[9] 韩大匡.中国油气田开发现状、面临的挑战和技术发展方向[J].中国工程科学,2010,12(5):51-57.

[10] 刘彦成,王健,李拥军,等.稠油开采技术的发展趋势[J].重庆科技学院学报(自然科学版),2010,12(4):17-18.

[11] 崔梅红,殷志华.低渗透油田开发实践及认识[J].断块油气田,2007,14(4):40-42.

[12] 赵荣生,赵巍.物理法采油技术研究与应用[J].钻采工艺,2008,31(增刊):60-62.

[13] 陈建宏,崔振东,李健,等.老油田剩余油分布及技术对策研究:以吴起油田为例[J].新疆地质,2008,26(4):386-390.

[14] 向智慧.水驱剩余油油藏工程预测方法[J].中国城市经济,2010(6):15.

[15] 刘东生.一种新的剩余油饱和度测井方法:注钆中子伽马测井[J].石油仪器,2009,23(1):67-70.

[16] 徐守余,宋洪亮.微观剩余油仿真试验研究[J].中国科技论文在线,2008,3(11):863-866.

[17] BRYANT S,BLUNT M. Prediction of relative permeability in simple porous media [J]. Physical Review A, Atomic, Molecular, and Optical Physics, 1992, 46 (4):2004-2011.

[18] 于春生.随机孔隙网络建模与多相流模拟研究[D].成都:西南石油大学,2011.

[19] RAOOF A, HASSANIZADEH S M. A new method for generating pore-network

models of porous media[J]. Transport in Porous Media,2010,81(3):391-407.

[20] 魏微.渗流边界层对低渗透油藏微观流动规律影响研究[D].东营:中国石油大学(华东),2015.

[21] VIEIRA R S,LIMA-SANTOS A. Where are the roots of the Bethe Ansatz equations? [J]. Physics Letters A,2015,379(37):2150-2153.

[22] 徐模.数字岩心及孔隙网络模型的构建方法研究[D].成都:西南石油大学,2017.

[23] 王冬欣.基于 Micro-CT 图像的数字岩心孔隙级网络建模研究[D].长春:吉林大学,2015.

[24] 雷健,潘保芝,张丽华.基于数字岩心和孔隙网络模型的微观渗流模拟研究进展[J].地球物理学进展,2018,33(2):653-660.

[25] 王锐.岩心结构重建及其渗流规律研究[D].武汉:武汉轻工大学,2017.

[26] 曹廷宽.致密气藏微观流动模拟研究[D].成都:西南石油大学,2015.

[27] 包百秋.北二西东块三元复合驱剩余油分布规律研究[D].大庆:东北石油大学,2015.

[28] 高帅.大型复合河道砂体内部构型及剩余油研究:以杏十二区葡 I3 油层弱碱三元复合驱试验区为例[D].大庆:东北石油大学,2017.

[29] 王伟楠.二类油层三元复合驱后微观剩余油变化规律[D].大庆:东北石油大学,2015.

[30] 陈岑,胡望水,徐博,等.高集油田高 6 块阜宁组剩余油分布规律[J].油气地质与采收率,2013,20(4):88-90.

[31] 张琦.基于数字岩心的砂岩油藏微观剩余油研究[D].东营:中国石油大学(华东),2016.

[32] 赵卓.喇北东块三类油层三元复合驱剩余油分布规律研究[J].当代化工,2015,44(4):773-774.

[33] 张娜,柳成志.喇北东块三类油层三元复合驱剩余油分布规律研究[J].当代化工,2015,44(6):1392-1394.

[34] 曲国辉.强碱三元复合驱后岩心物性检测及微观剩余油研究[D].大庆:东北石油大学,2012.

[35] 张斌驰.萨北三东区弱碱三元复合驱储层流动单元及剩余油[D].大庆:东北石油大学,2014.

[36] 宋茹娥.杏北油田厚油层强碱三元复合驱后剩余油分布研究[D].杭州:浙江大学,2011.

[37] 卿华.杏树岗油田葡 I 组油层强碱三元复合驱油层物性变化和剩余油分布规律[D].长春:吉林大学,2015.

[38] 苏娜.低渗气藏微观孔隙结构三维重构研究[D].成都:西南石油大学,2011.

[39] 吴晨宇,侯吉瑞,赵凤兰,等.三元复合体系启动水驱后剩余油微观机理[J].油气地质与采收率,2015,22(5):84-88.

[40] 刘义坤,范萌,张东,等.三元复合驱后剩余油微观特征[J].大庆石油地质与开发,2015,34(2):117-120.

[41] 吴凤琴.三元复合驱后微观剩余油赋存状态及分布特征[J].石油地质与工程,2016,30(2):127-129.

［42］蒋声东.强碱三元复合驱后储层结构变化及结垢机理研究［D］.大庆：东北石油大学,2015.

［43］赵树成.杏树岗油田厚油层顶部剩余油水平井强碱三元复合驱试验效果［J］.大庆石油地质与开发,2017,36(6):109-114.

［44］殷代印,房雨佳.三元复合驱微观剩余油驱替机理及动用比例研究［J］.石油化工高等学校学报,2017,30(1):18-22.

［45］樊宇.南三东一类油层聚驱后剩余油潜力及三元复合驱效果分析［J］.化学工程与装备,2018(1):147-150.

［46］王景翠.北一区断东三元复合驱开发效果评价方法研究［D］.大庆：东北石油大学,2013.

［47］魏勋.大庆油田S区块一类油层强碱三元复合驱试验效果影响因素分析［J］.化学工程与装备,2017(11):108-112.

［48］孙继刚.水平井三元复合驱挖潜厚油层中上部剩余油［J］.内蒙古石油化工,2013,39(6):144-145.

［49］李伟艳.厚油层三元复合驱后剩余油分布特点［D］.大庆：东北石油大学,2014.

［50］吕端川,孟琦,宋金鹏,等.杏六东三元复合驱对储层改造及驱替效率评价［J］.断块油气田,2018,25(2):222-226.

［51］杨磊,王立军.三元复合体系在剩余油油藏中的应用与研究［J］.当代化工,2016,45(8):1687-1689.

［52］马蒋平.基于三维网络模型的粘弹性聚合物溶液驱油效率研究［D］.大庆：东北石油大学,2013.

［53］李夏宁,张九然,张伟.基于三维网络模型的聚合物驱后微观剩余油研究［J］.科学技术与工程,2011,11(8):1686-1690.

［54］来旭.数字化岩心的孔隙结构对聚驱后剩余油分布的影响研究［D］.大庆：东北石油大学,2016.

［55］杨山.基于驱替试验及数字岩心的微观剩余油研究［D］.青岛：中国石油大学(华东),2015.

［56］文浩.非均质厚油藏高含水期剩余油分布特征研究［D］.荆州：长江大学,2012.

［57］孙艳宇.基于数字化孔隙模型的聚驱相渗曲线研究［D］.大庆：东北石油大学,2018.

［58］齐慧丽,盖轲,马东平,等.驱油用石油磺酸盐的合成研究［J］.广州化工,2015,43(19):51-52.

［59］陈方.MobileNet压缩模型的研究与优化［D］.武汉：华中师范大学,2018.

［60］赵玲,石雪,夏惠芬.基于Marching Cubes算法的数字岩心建模方法研究［J］.石油机械,2018,46(10):97-102.

［61］ILEA D E, WHELAN P F. Image segmentation based on the integration of colour-texture descriptors: A review［J］. Pattern Recognition, 2011, 44(10/11):2479-2501.

［62］SIANG TAN K, MAT ISA N A. Color image segmentation using histogram thresholding - Fuzzy C-means hybrid approach［J］. Pattern Recognition, 2011, 44(1):1-15.

［63］ GONCALVES H，GONCALVES J A，CORTE-REAL L. HAIRIS：a method for automatic image registration through histogram-based image segmentation[J]. IEEE Transactions on Image Processing,2011,20(3):776-789.

［64］ WANG H Z,OLIENSIS J. Generalizing edge detection to contour detection for image segmentation[J]. Computer Vision and Image Understanding,2010,114(7):731-744.

［65］ NING J F,ZHANG L,ZHANG D,et al. Interactive image segmentation by maximal similarity based region merging[J]. Pattern Recognition,2010,43(2):445-456.

［66］ QIN A K,CLAUSI D A. Multivariate image segmentation using semantic region growing with adaptive edge penalty[J]. IEEE Transactions on Image Processing:a Publication of the IEEE Signal Processing Society,2010,19(8):2157-2170.

［67］ 张顺康.水驱后剩余油分布微观试验与模拟[D].东营:中国石油大学（华东),2007.

［68］ 侯健,李振泉,张顺康,等.岩石三维网络模型构建的试验和模拟研究[J].中国科学（G辑:物理学 力学 天文学）,2008,38(11):1563-1575.

［69］ 吴家文.低渗透油层微观孔隙内流体分布规律研究[D].大庆:大庆石油学院,2009.

［70］ 曹志壮,陈义贤,于天欣.定量荧光技术在低孔低渗储集层中的应用研究[J].录井工程,2005,16(3):19-23.

［71］ 肖劲飞,王晓宇,陈斌,等.基于K-L变换和模糊集理论的彩色字符图像分割[J].计算机应用,2010,30(9):2464-2466.

［72］ 李静,王军政,马立玲.一种高精度CCD测试系统的非均匀性校正方法[J].北京理工大学学报,2010,30(4):451-455.

［73］ 孙先达,索丽敏,张民志,等.激光共聚焦扫描显微检测技术在大庆探区储层分析研究中的新进展[J].岩石学报,2005,21(5):1479-1488.

［74］ 郝雪峰,陈红汉,高秋丽,等.东营凹陷牛庄砂岩透镜体油气藏微观充注机理[J].地球科学,2006,31(2):182-190.

［75］ 包友书,张林晔,张守春,等.用渗流法研究东营凹陷烃源岩压实排油特点[J].石油学报,2008,29(5):707-710.

［76］ 张立娟,岳湘安,郭振杰.ASP体系与大港和大庆原油的乳化特性研究[J].油气地质与采收率,2010,17(3):74-76.

［77］ 马春曦,谭井山,刘素敏,等.大庆原油的流变性质及乳化降粘研究[J].化学与生物工程,2010,27(1):79-81.

［78］ 焦正杰,李杰训,魏立新.三元复合驱采出液的乳化与化学破乳[J].油气田地面工程,2008,27(3):41-43.

［79］ MASHFORD J,RAHILLY M,DAVISA P,et al. A morphological approach to pipe image interpretation based on segmentation by support vector machine [J]. Automation in Construction,2010,19(7):875-883.

［80］ ZHANG L,JI Q. A Bayesian network model for automatic and interactive image segmentation[J]. IEEE Transactions on Image Processing,2011,20(9):2582-2593.

［81］ WEI S,HONG Q,HOU M S. Automatic image segmentation based on PCNN with adaptive threshold time constant[J]. Neurocomputing,2011,74(9):1485-1491.

［82］ SOWMYA B，RANI B S. Colour image segmentation using fuzzy clustering techniques and competitive neural network[J]. Applied Soft Computing，2011，11(3)：3170-3178.

［83］李小红，武敬飞，张国富，等.结合分水岭和区域合并的彩色图像分割[J].电子测量与仪器学报，2013，27(3)：247-252.